岩土工程勘察与施工

李　斌　王雪飞　杨建兴◎主编

四川科学技术出版社

图书在版编目(CIP)数据

岩土工程勘察与施工 / 李斌, 王雪飞, 杨建兴主编
. -- 成都 : 四川科学技术出版社, 2022.11
ISBN 978-7-5727-0727-8

Ⅰ. ①岩… Ⅱ. ①李… ②王… ③杨… Ⅲ. ①岩土工程—地质勘探②岩土工程—工程施工 Ⅳ. ①TU4

中国版本图书馆 CIP 数据核字(2022)第 195597 号

岩土工程勘察与施工

YANTU GONGCHENG KANCHA YU SHIGONG

主　　编　李　斌　王雪飞　杨建兴

出 品 人　程佳月
责任编辑　王　娇
助理编辑　冯彦齐
封面设计　星辰创意
责任出版　欧晓春
出版发行　四川科学技术出版社
　　　　　成都市锦江区三色路 238 号　邮政编码 610023
　　　　　官方微博 http://weibo.com/sckjcbs
　　　　　官方微信公众号 sckjcbs
　　　　　传真 028-86361756
成品尺寸　170 mm×240 mm
印　　张　8.25
字　　数　148 千
印　　刷　天津市天玺印务有限公司
版　　次　2022 年 11 月第 1 版
印　　次　2023 年 3 月第 1 次印刷
定　　价　60.00 元

ISBN 978-7-5727-0727-8

邮　购：成都市锦江区三色路 238 号新华之星 A 座 25 层　邮政编码：610023
电　话：028-86361770

前言

PREFACE

岩土工程学是以工程地质学、岩体力学、土力学和地基基础工程学为基本理论基础，以解决工程建设过程中出现的所有与岩体和土体有关的工程技术问题为目的的一门新型技术学科，是隶属于土木工程学的一门分支学科。岩土工程是岩土工程学在工程建设中的应用，是一门把岩体和土体作为建设环境、建筑材料和建筑物组成部分，进而研究其合理利用、整治、改造的综合性应用技术。当前，我国经济社会建设快速发展，促进了岩土工程的发展，为具体的岩土工程技术、作业的优化设计和实施创造了有利条件。岩土工程勘察的任务是在岩土工程实施前，按照不同阶段要求，如实对施工场地的岩土体形态以及工程地质条件进行反映。与此同时，同处理地基和施工条件以及工程设计情况和条件相结合，做出相关的技术性评价以及论证，找到岩土工程存在的问题，并提出解决相关问题的对策。

本书在工程地质学的基本理论、工程地质学的发展现状及研究内容与方法的基础上，介绍了岩土工程勘察的任务、程序、分级等内容，并对岩土工程施工方法进行了系统分析；深入探讨了人工地基、桩基础等相关工程的施工方法；就各类工程场地岩土工程勘察与施工进行了具体论述，引入水文地质勘察所使用的勘探方法和水文地质测绘方法。

本书充分体现了岩土工程勘察与施工的实践性、技术性，注重引用规范和规程，力求反映勘察施工技术的进展，可作为从事地质工程专业的工程技术人员的参考书。

李斌　王雪飞　杨建兴

目录

CONTENTS

第一章　绪　论

第一节　地质学与工程地质学

地球是人类赖以生存和活动的家园，是人类各种矿产资源和建筑材料的主要产地。目前，世界上95%的能源和75%～80%的工业原料取自地下，地质环境的变化直接影响人类的生存与发展，也会影响国民经济和社会的进步。

人类的生产、生活既取决于地质环境条件，同时也会对地质环境条件产生影响。例如，修建房屋会引起地基土压密沉降，桥梁会使局部河段冲刷淤积发生变化，过量抽吸地下水会导致大规模地面沉降。由于不合理的开发利用，我国局部地区环境污染严重、地下水资源大量流失、边坡泥石流等地质灾害事故频繁发生。我国每年由滑坡、泥石流、地面塌陷、崩塌等造成的突发性地质灾害的损失达数十亿元，并造成人员伤亡。保护地质环境、防治地质灾害已成为人类当前刻不容缓的重要任务。

一、地质学

要对地球进行合理开发、科学利用，就要认识、研究地球。"地质学"一词是由瑞士科学家索修尔于1779年提出的，意指"地球的科学"。地质学是主要研究地球的物质组成、内部构造、各种地质作用，地球形成与演变的过程和规律，及其在国民经济建设和社会发展中的应用等的学科。

地球赤道半径为6 378 km，而现在世界上最深的地质钻井（Odoptu OP-11油井）也才12 345米，这与地球半径相比是微不足道的。因此，人类只能直接观察地球表面，地下深处的情况则需要靠资料间接推测。目前来讲，地质学研究的对象主要是地球的固体表层，主要包括以下几方面：①研究组成地球的物质，由矿物学、岩石学、地球化学等分支学科承担这方面的研究；②阐明地壳及地球的构造特征，即研究岩石或岩石组合的空间分布，这方面的分支学科有构造地质学、区域地质学、地球物理学等；③研究地球的历史，以及生存在不同地质时期的生物及其演变,研究这方面问题的分支学科有古生物学、地史学、岩相古地理学等;④研究地质学的研究方法与手段,这方面的分支学科有同位素地质学、数学地质学及遥感地质学等;⑤解决资源探寻、环境地质分析、工程防灾等问题。

从应用方面来说,地质学有两大作用:一是以地质学理论和方法指导人们寻找各种矿产资源,这也是矿床学、煤田地质学、石油地质学、铀矿地质学等研究的主要内容;二是运用地质学理论和方法研究工程地质环境,查明地质灾害的规律并制订防治对策,以确保工程建设安全、经济、正常运行。

二、工程地质学

作为地质学的一个应用分支,工程地质学是研究人类工程活动与地质环境相互作用的一门学科。工程地质学将地质科学应用于工程实践,通过工程地质调查及理论性的综合研究,对工程建设地区的工程地质条件进行评价,解决与工程建筑有关的工程地质问题,预测并论证工程区内物理地质现象的发生和发展,提出改善与防治措施,为工程建筑的规划、设计、施工、使用和维护提供所需的地质资料。

工程地质学包括工程岩土学、工程地质原理和工程地质勘察三个基本部分,它们各自都已形成了不同的分支学科。工程岩土学的任务是研究土和石的工程地质性质以及这些性质的形成过程,研究这些性质在自然和人类活动影响下的变化;工程地质原理的任务是研究工程活动的主要工程问题,研究这些问题产生的条件、力学机制及其发展演化规律,以便正确评价和有效地防治它们产生的不良影响;工程地质勘察的任务是探讨进行地质调查和研究的方法,以便有效地查明有关工程活动的地质因素。

由于工程地质条件有明显的区域性分布规律,工程地质问题也有区域性分布的特点,研究这些规律和特点的分支学科称为区域工程地质学。

第二节　工程地质学的研究内容与方法

一、工程地质学研究内容

人类的工程实践活动都是在一定的工程地质条件下进行的,研究人类工程实践活动与工程地质条件之间的关系,解决工程建设中遇到的各类工程地质问题,保证工程建筑安全、经济、稳定是工程地质学的基本研究内容。

工程地质学在工程规划、设计以及解决各类工程建筑物的具体问题时必须开展详细的工程地质勘察工作，目的是取得有关建筑场地工程地质条件的基本资料，方便进行工程地质论证。因此，工程地质勘察是工程地质学重要的研究手段。

工程地质学的研究对象是复杂的地质体，所以其研究方法应是地质分析法与力学分析法、工程类比法与试验法等的密切结合，即通常所说的定性分析与定量分析相结合的综合研究方法。

二、工程地质学研究方法

地质分析法是研究工程地质学的基本方法，也是对工程地质问题进一步定量分析评价的基础。地质分析法以查明建筑区工程地质条件的形成和发展，以及它在工程建筑物作用下的发展变化为目的，从地质学和自然历史的观点出发分析研究周围其他的自然因素和条件，了解在历史过程中这些因素和条件被影响和制约的程度，认识它们形成的原因，预测它们的发展趋势和变化。

在定性分析的基础上，某些工程地质问题还需建立模型进行定量预测和评价，如地基稳定性分析、地面沉降量计算、地震液化可能性计算等。采用定量分析方法论证地质问题时，需要采用试验、测试、长期观测等方法，即通过室内或野外现场试验，取得所需要的岩土的物理性质、水理性质、力学性质等数据资料。当地质条件十分复杂时，还可根据条件类似地区已有资料对研究区域的工程地质问题进行定量预测，这就是工程类比法。

综合应用上述定性分析和定量分析方法，才能取得可靠的结论，对可能发生的工程地质问题制订出合理的防治对策。

第三节　我国工程地质学的发展概况

工程地质学是在地质学基础上随着工程建设需要而发展起来的。我国工程地质学的创立与发展，大体上经历了以下四个阶段。

一、萌芽阶段（20世纪50年代以前）

我国地质学家将知识应用于工程活动，始于20世纪20年代所进行的建筑材料的地质调查。地质学家其后于1937年对北方大港港址进行了地质勘察，对甘新、滇缅、川滇公路和宝天线铁路进行了地质调查；1937年，对长江三峡和四川龙溪河坝址进行了地质调查。20世纪40年代中后期,在水利工程方面,地质学家曾对岷江、大渡河、台湾大甲溪、黄河和其他水系进行了一些概略的考察工作。这些都是工程地质学在我国萌芽的体现。

二、创立与发展阶段(20世纪50年代到70年代)

在这个阶段,我国工程地质学逐步形成了以区域稳定性、地基稳定性、边坡稳定性和地下工程围岩稳定性为研究内容,以工程岩土体变形破坏机理为核心的工程地质评价与预测的研究框架;建立了地质力学与地区历史相结合,工程地质学与土力学、岩体力学、地震力学相结合的分析研究方法;广泛应用并发展了钻探技术、物探技术、钻孔电视、声波测试、原位大型力学试验、土层静力动力触探、模型试验等技术和设备;从地质成因及其演化过程认识工程岩体(地质体)的结构及其赋存环境,从工程岩体结构的力学特性及其对工程作用的响应分析工程岩体变形破坏机理,进而评价与预测工程作用下岩体的稳定性;创立与发展了以工程岩体结构和工程建设与地质环境相互作用为研究核心的中国工程地质理论、方法与技术体系。

三、活跃发展阶段(20世纪80年代至90年代)

我国工程地质学在这一阶段取得了重大突破与进展。地质理论从区域背景、成因演化、物质成分的综合分析和勘测评价与地质推理,发展到工程岩体稳定性控制、地基与上层建筑相互作用的工程地质过程研究,深化了地质学家对工程岩体变形破坏机理的认识,从描述、理解、评价,向预测、预报延伸,并向过程控制方向发展。

监测、探测、物理模拟、原位测试技术的进步和计算机技术的广泛应用与发展,数值分析与数值模拟的兴起,加速了工程地质过程的综合集成分析和定量化进程。工程地质学与岩体力学、工程技术相融合,将工程建设前期的工程地质条件评价延伸到工程后效研究,从预测、预报发展到施工监控和岩土体加固技术。基于数字遥感技术、区域地质构造及地质环境要素分析,开拓了环境工程地质、地质灾害及其防治研究的新方向。软岩、膨胀岩、可溶岩、风化岩、断层岩、胀缩土、红黏土、盐渍土、黄土、冻土、沼泽土和软土等特殊岩土的工程地质特性、评价和改良取得了一系列新的进展。

四、创新发展阶段(20世纪90年代至今)

随着我国工程建设的大规模开展,工程地质学在实际应用中得到了飞速发展。高坝水库(如三峡大坝)建设、高速公路建设、跨海大桥建设、山区铁路(如青藏铁路)与高速铁路建设、引水工程(如南水北调)建设、超高层建设、海洋开发等大项目既为工程地质工作者提供了实践的平台,又对工程地质工作者提出了新问题、新挑战,同时也促进了工程地质勘察技术的创新与提高,促进了工程地质理论的完善。

在此阶段,工程地质学科与相关学科也进一步互相渗透与交叉融合。例如,岩土体三维激光扫描技术、卫星遥感图像技术、最新原位测试技术等不断得到发展创新,使得工程地质研究从定性阶段向定量阶段逐渐转变。可以说,我国目前可对大部分的项目进行详细的工程地质勘察评价,这说明我国的工程地质事业取得了长足发展。当然,仍有很多新课题有待于年轻一代去不断研究和探索。

第二章　岩土工程勘察

第一节　概　述

岩土工程勘察是指根据建设工程的要求，查明、分析、评价建设场地的地质、环境特征和岩土工程条件，编制勘察文件的活动。若勘察工作不到位，未发现不良工程地质问题，其结果会造成原本设计和施工良好的上部构造遭到破坏。岩土工程勘察的目的主要是查明工程地质条件，分析存在的工程地质问题，对建筑地区做出工程地质评价。岩土工程勘察的内容主要有：工程地质调查和测绘、勘探与岩土取样、原位测试、室内试验、现场检验和检测。最终根据以上几种或全部手段，对场地工程地质条件进行定性或定量分析评价，编制所需的成果报告文件。

勘察、设计和施工是我国基本建设工程的三个主要程序。勘察工作必须走在设计和施工之前，为设计和施工服务，有了准确的勘察资料，才可能进行正确的设计和施工。岩土工程勘察应按工程建设各勘察阶段的要求，正确反映工程地质条件，查明不良地质作用和地质灾害，精心勘察，详细分析，提出资料完整、评价正确的勘察报告，从而建设工程以提高社会效益和经济效益。

我国公路、铁路、工业与民用建筑等各部门对各自工程的勘察工作，各有其特殊的要求，但总体思路大同小异。本章将分别介绍岩土工程勘察的任务、程序、分级和基本要求等内容。

第二节　岩土工程勘察的任务

通过工程地质调查与测绘、勘探与岩土取样、原位测试、室内试验和岩土工程监测等工作，岩土工程勘察将要完成以下任务。

(1)场地稳定性评价。对若干可能的建筑场地不同地段的建筑适宜性进行技术论证,对公路、铁路各线路方案与控制工程的工程地质和水文地质条件进行可行性分析。

(2)为岩土工程设计提供场地地层、地下水分布的几何参数和岩土体工程性状参数。

(3)对岩土工程施工过程中可能出现的各种岩土工程问题(如开挖、降水、沉桩等)做出预测,并提出相应的防治措施和合理施工方法的建议。

(4)对建筑基地做出岩土工程评价,对基础方案、岩土加固与改良方案或其他人工地基设计方案进行论证并提出建议,根据设计意图监督地基施工质量。

(5)预测场地及邻近地区自然环境的变化对建筑场地可能造成的影响,以及工程本身对场地环境可能造成的改变及其对工程的影响。

(6)为现有工程安全性的评定、拟建工程对现有工程的影响、事故工程的调查分析等提供依据。

(7)指导岩土工程在运营和使用期间的长期观测,如对建筑物的沉降和变形观测等。

第三节 岩土工程勘察的程序

根据《建设工程勘察设计管理条例》(2017年10月7日《国务院关于修改部分行政法规的决定》第二次修订),按规划或设计部门所定的拟建工程地点或路线的必经点(县、市或特殊地点)及可能的线路方案进行岩土工程勘察工作,其基本程序如下。

(1)通过调查、收集资料、现场踏勘或工程地质测绘,初步了解场地的工程地质条件、不良地质现象及其他主要问题。

(2)针对工程的特点,结合场地的工程地质条件,明确工程可能出现的具体岩土工程问题(可采用分析原理或计算模式)以及提供所需的岩土技术参数。

(3)有针对性地制定岩土工程勘察纲要,选择有效的勘探测试手段,积极采用新技术和综合测试方法,合理计算工作量,获得所需的岩土技术参数。

(4)确定岩土参数的最佳估值。通过岩土的室内试验和现场测试,依据场地的地质条件,考虑岩土材料的不均匀性、各向异性和随时间的变化,评估岩土参数的不确定性，比较工程中岩土体工程性状与室内试验和现场测试的岩土体工程性状间的关系，用统计分析方法，确定岩土参数的最佳估值。当岩土参数有较大的不确定性时，建议设计岩土参数时尤应慎重，必要时可通过原型试验或现场监测检验，或修正所建议的设计参数。

（5）根据所建议的岩土设计参数和工程经验的判断，对待定的岩土工程问题做出分析评价，对设计和施工的主要技术要求提出建议，并提出改良方案和防治措施。

（6）对重要工程进行岩土施工的监测和监理，检查和监督施工质量，使其符合设计意图，或根据现场实际情况的变化，对设计提出修改意见。这里所讲的监理并非指工程建设项目实施阶段的施工监理（即建设监理），而是指重要工程中由勘察单位对其岩土工程问题所实施的监理，是使工程建设中岩土工程问题的勘察、设计、处理和监测密切结合，成为一体化的专业体制（即岩土工程体制），服务于工程建设的全过程。

（7）岩土工程运营使用期限内进行长期观测（如建筑物的沉降、变形观测），用工程实践检验岩土工程勘察的质量，积累地区性经验，提高岩土工程勘察水平。

可见，岩土工程勘察工作不仅在设计、施工前进行，而且贯穿于整个施工过程中，甚至延续到工程竣工后的长期观测。因此，把勘察、设计、施工完全分开，各管一段的想法是有缺陷的。这里也对岩土专业工程师提出了拓宽专业理论、丰富实践经验的要求，只有懂得该工程的功能和工作特点，熟悉施工程序及工艺，才能出色地完成岩土工程勘察的全过程任务。

第四节　岩土工程勘察的分级

岩土工程勘察的分级应根据岩土工程的安全等级、场地的复杂程度和地基的复杂程度来划分。不同等级的岩土工程勘察，其复杂程度和难易程度的不同，勘探测试工作、分析计算评价工作、施工监测控制工作等的规模、工作量、工作深度质量也相应有不同的最低要求。

一、岩土工程的安全等级（即工程重要性等级）

根据工程的规模和特征，以及岩土工程问题造成工程破坏或影响正常使用的后果，岩土工程安全分为3个等级，见表2-1。

表2-1 岩土工程安全等级

安全等级	工程类别	破坏后果
一级	重要工程	很严重
二级	一般工程	严重
三级	次要工程	不严重

二、场地复杂程度分级

根据场地的复杂程度，可按下列规定分为三个场地等级。

（1）符合下列条件之一者为一级场地（复杂场地）：①对建筑抗震危险的地段；②不良地质作用强烈发育；③地质环境已经或可能受到强烈破坏；④地形地貌复杂；⑤有影响工程的多层地下水、岩溶裂隙水或其他水文地质条件复杂，需要专门研究的场地。

（2）符合下列条件之一者为二级场地（中等复杂场地）：①对建筑抗震不利的地段；②不良地质作用一般发育；③地质环境已经或可能受到一般破坏；④地形地貌较复杂；⑤基础位于地下水位以下的场地。

（3）符合下列条件者为三级场地（简单场地）：①抗震设防烈度等于或小于6度，或对其建筑抗震有利的地段；②不良地质作用不发育；③地质环境基本未受破坏；④地形地貌简单；⑤地下水对工程无影响。

注：从一级开始，向二级、三级推定，以最先满足的为准；对建筑抗震有利、不利和危险地段的划分，应按现行国家标准《建筑抗震设计规范》（GB 50011—2010）的规定确定。

三、地基复杂程度分级

地基条件也按其复杂程度分为一级地基（复杂）、二级地基（中等复杂）和三级地基（简单）3个级别。

（1）一级地基：①岩土类型多，岩土性质变化大，地下水对工程影响大；②需特殊处理的地基；③极不稳定的特殊性岩土组成的地基，如强烈季节性冻土、强烈湿陷性土、强烈盐渍土、强烈膨胀岩土、严重污染土等。

（2）二级地基：①岩土类型较多，岩土性质变化较大，地下水对工程有不利影响；②需进行专门分析研究，可按相关规范或借鉴成功建筑经验处理的特殊性岩土。

（3）三级地基：①岩土类型单一，岩土性质变化不大或均一，地下水对工程无影响；②虽属特殊性岩土，但邻近即有地基资料可利用或借鉴，不需进行地基处理。

四、岩土工程勘察等级

根据工程重要性等级、场地复杂程度等级和地基复杂程度等级,可按下列条件划分岩土工程勘察等级。

(1)甲级:在工程重要性、场地复杂程度和地基复杂程度等级中,有一项或多项为一级。

(2)乙级:除勘察等级为甲级和丙级以外的勘察项目。

(3)丙级:工程重要性、场地复杂程度和地基复杂程度等级均为三级。

注:建筑在岩质地基上的一级工程,当场地复杂程度等级和地基复杂程度等级均为三级时,岩土工程勘察等级可定为乙级。

第五节　岩土工程勘察的基本要求

岩土工程勘察的基本要求,以房屋建筑和构筑物为例展开叙述。

(1)房屋建筑和构筑物(以下简称建筑物)的岩土工程勘察,应在搜集建筑物上部荷载、功能特点、结构类型、基础形式、埋置深度、变形限制等方面资料的基础上进行。其主要工作内容应符合下列规定:①查明场地和地基的稳定性、地层结构、持力层和下卧层的工程特性、土的应力历史、地下水条件、不良地质作用等;②提供满足设计、施工所需的岩土参数,确定地基承载力,预测地基变形性状;③提出地基基础、基坑支护、工程降水、地基处理设计与施工方案的建议;④提出对建筑物有影响的不良地质作用的防治方案建议;⑤对于抗震设防烈度等于或大于6度的场地,进行场地与地基的地震效应评价。

(2)建筑物的岩土工程勘察宜分阶段进行。可行性研究勘察应符合选择场址方案的要求;初步勘察应符合初步设计的要求;详细勘察应符合施工图设计的要求;场地条件复杂或有特殊要求的工程,宜进行施工勘察;场地较小且无特殊要求的工程可合并勘察阶段。当建筑物平面布置已经确定,且场地或其附近已有岩土工程资料时,可根据实际情况,直接进行详细勘察。

(3)可行性研究勘察。应对拟建场地的稳定性和适宜性做出评价,并符合下列要求:①搜集区域地质、地形地貌、地震、矿产、工程地质、岩土工程、建筑经验等资料;②在充分搜集和分析已有资料的基础上,通过踏勘了解场地的地层、构造、岩性、不良地质作用、地下水等工程地质条件;③当拟建场地工程地质条件复杂，已有资料不能满足要求时，应根据具体情况进行工程地质测绘和必要的勘探工作；④当有两个或两个以上拟选场地时，应进行比选分析。

(4)初步勘察应对场地内拟建建筑地段的稳定性做出评价，并进行下列工作：①搜集拟建工程的有关文件、工程地质和岩土工程资料以及工程场地范围的地形图；②初步查明地质构造、地层结构、岩土工程特性、地下水埋藏条件；③查明场地不良地质作用的成因、分布、规模、发展趋势，并对场地的稳定性做出评价；④对抗震设防烈度等于或大于6度的场地，应对场地和地基的地震效应做出初步评价；⑤季节性冻土地区，应调查场地土的标准冻结深度；⑥初步判定水和土对建筑材料的腐蚀性；⑦对高层建筑进行初步勘察时，应对可能采取的地基基础类型、基坑开挖与支护、工程降水方案进行初步分析评价。

(5)初步勘察的勘探工作应符合下列要求：①勘探线应垂直于地貌单元、地质构造和地层界线布置；②每个地貌单元均应布置勘探点，在地貌单元交接部位和地层变化较大的地段，勘探点应予以加密；③在地形平坦地区，可按网格布置勘探点；④对岩质地基、勘探线和勘探点的布置，勘探孔的深度，应根据地质构造、岩体特性、风化情况等，按地方标准或当地经验确定；⑤对土质地基，应符合(6)～(10)的规定。

(6)初步勘察勘探线、勘探点间距可按表2-2确定，局部异常地段应予以加密。

表2-2 初步勘察勘探线、勘探点间距

单位:m

地基复杂程度等级	勘探线间距	勘探点间距
一级(复杂)	50～100	30～50
二级(中等复杂)	75～150	40～100
三级(简单)	150～300	75～200

(7)初步勘察勘探孔深度可按表2-3确定。

表2-3 初步勘察勘探孔深度

单位:m

工程重要性等级	一般性勘探孔	控制性勘探孔
一级(重要工程)	≥15	30
二级(一般工程)	10～15	15～30
三级(次要工程)	6～10	10～20

(8)当遇下列情形之一时,应适当增减勘探孔深度:①当勘探孔的地面标高与预计整平地面标高相差较大时,应按其差值调整勘探孔深度;②当预定深度内遇基岩时,除控制性勘探孔仍应钻入基岩适当深度外,其他勘探孔达到确认的基岩后即可终止钻进;③当预定深度内有厚度较大且分布均匀的坚实土层(如碎石土、密实砂、老沉积土等)时,除控制性勘探孔应达到规定深度外,一般性勘探孔的深度可适当减小;④当预定深度内有软弱土层时,勘探孔深度应适当增加,部分控制性勘探孔应穿透软弱土层或达到预计控制深度;⑤对重型工业建筑,应根据其结构特点和荷载条件适当增加勘探孔深度。

(9)初步勘察采取土试样或进行原位测试应符合下列要求:①采取土试样或进行原位测试的勘探点应结合地貌单元、地层结构和土的工程性质布置,其数量可占勘探点总数的1/4～1/2;②采取土试样的数量和孔内原位测试的竖向建筑,应按地层特点和土的均匀程度确定;③每层土均应采取土试样或进行原位测试,其数量不宜少于6个。

(10)初步勘察应进行下列水文地质工作:①调查含水层的埋藏条件、地下水类型、补给排泄条件和各层地下水位,调查地下水位变化幅度,必要时应设置长期观测孔,监测地下水位变化;②当需要测绘地下水等水位线图时,应根据地下水的埋藏条件和层位,统一测量地下水位;③当地下水可能浸湿基础时,应抽取水试样进行腐蚀性评价。

(11)详细勘察应按单体建筑物或建筑群提出详细的岩土工程资料和设计、施工所需的岩土参数,对建筑地基做出岩土工程评价,并对地基类型、基础形式、地基处理、基坑支护、工程降水、不良地质作用的防治等提出建议。主要应进行下列工作:①搜集附有坐标和地形的建筑总平面图,场区的地面整平标高,建筑物的性质、规模、荷载、结构特点、基础形式、埋置深度、地基允许变形等资料;②查明不良地质作用的类型、成因、分布范围、发展趋势和危害程度,提出整治方案的建议;③查明建筑范围内岩土层的类型、深度、分布、工程特性,分析和评价地基的稳定性、均匀性和承载力;④对需进行沉降计算的建筑物,提供地基变形计算参数,预测建筑物的变形特征;⑤查明埋藏的河道、墓穴、防空洞、孤石等对工程不利的埋藏物;⑥查明地下水的埋藏条件,提供地下水位及其变化幅度;⑦在季节性冻土地区,提供场地土的标准冻结深度;⑧判定水和土对建筑材料的腐蚀性。

(12)详细勘察勘探点的间距可按表2-4确定。

表2-4 详细勘察勘探点的间距

单位:m

地基复杂程度等级	勘探点间距	地基复杂程度等级	勘探点间距
一级(复杂)	10～15	三级(简单)	30～50
二级(中等复杂)	15～30		

(13)详细勘察的勘探点布置,应符合下列规定:①勘探点宜按建筑物周边线和角点布置,对无特殊要求的其他建筑物可按建筑物或建筑群的范围布置;②同一建筑范围内的主要受力层或有影响的下卧层起伏较大时,应加密勘探点,查明其变化;③重大设备基础应单独布置勘探点;④重大的动力机器基础和高耸构筑物,勘探点不宜少于3个;⑤宜采用钻探与触探相配合的勘探手段,在复杂地质条件、湿陷性土、膨胀岩土、风化岩和残积土地区,宜布置适量探井。

(14)详细勘察的单栋高层建筑勘探点的布置,应满足对地基均匀性评价的要求,且不应少于4个;对密集的高层建筑群,勘探点可适当减少,但每栋建筑物至少应有1个控制性勘探点。

(15)详细勘察的勘探深度自基础底面算起,应符合下列规定:①勘探孔深度应能控制地基主要受力层,当基础底面宽度不大于5 m时,勘探孔的深度对条形基础不应小于基础底面宽度的3倍,单独柱基不应小于1.5倍,且不应小于5 m;②对高层建筑和需做变形验算的地基,控制性勘探孔的深度应超过地基变形计算深度;③高层建筑的一般性勘探孔应为基底下0.5～1.0倍基础宽度,并深入稳定分布的地层;④对仅有地下室的建筑或高层建筑的裙房,当不能满足抗浮设计要求,需设置抗浮桩或锚杆时,勘探孔深度应满足抗拔承载力评价的要求;⑤当有大面积地面堆载或软弱下卧层时,应适当加深控制性勘探孔的深度;⑥在上述规定深度内遇基岩或厚层碎石土等稳定地层时,勘探孔深度可适当调整。

(16)详细勘察的勘探孔深度,除应符合(15)的要求外,还应符合下列规定:①地基变形计算深度,对中、低压缩性土可取附加压力等于上覆土层有效自重压力20%的深度;②对于高压缩性土层可取附加压力等于上覆土层有效自重压力10%的深度;③建筑总平面内的裙房或仅有地下室部分(或当基底附加压力$p_0 \leq 0$时)的控制性勘探孔的深度可适当减小,但应深入稳定分布地层,且根据荷载和土质条件不宜少于基底下0.5～1.0倍基础宽度。

当需进行地基整体稳定性验算时,控制性勘探孔深度应根据具体条件满足验算要求:当需确定场地抗震类别而邻近无可靠的覆盖层厚度资料时,应布置波速测试孔,其深度应满足确定覆盖层厚度的要求;大型设备基础勘探孔深度不宜小于基础底面宽度的2倍;当须进行地基处理时,勘探孔的深度应满足地基处理设计与施工要求;当采用桩基时,勘探孔的深度应满足(9)的要求。

(17)详细勘察采取土试样或进行原位测试时,应满足岩土工程评价要求,并符合下列要求:①采取土试样或进行原位测试的勘探孔的数量,应根据地层结构、地基土的均匀性和工程特点确定,且不少于勘探孔总数的1/2,钻探取土试样孔的数量不应少于勘探孔总数的1/3;②每个场地每一主要土层的原状土试样或原位测试数据不应少于6件(组),当采用连续记录的静力触探或动力触探为主要勘探手段时,每个场地不应少于3个孔;③在地基主要受力层内,对厚度大于0.5 m的夹层或透镜体,应采取土试样或进行原位测试;④当土层性质不均匀时,应增加取土试样或原位测试数量。

(18)详细勘察应论证地下水在施工期间对工程和环境的影响。对情况复杂的重要工程,需论证使用期间水位变化和需提出抗浮设防水位时,应进行专门研究。

(19)基坑或基槽开挖后,岩土条件与勘察资料不符或发现必须查明的异常情况时,应进行施工勘察;在工程施工或使用期间,当地基土、边坡体、地下水等发生未曾估计到的变化时,应进行监测,并对工程和环境的影响进行分析评价。

第三章　岩土工程施工概述

岩土工程施工是岩土工程全过程的重要阶段。在这一阶段中，将对岩土工程勘察获取的工程地质资料进行检验，从而对岩土工程设计的蓝图予以实施。每项岩土工程施工的全过程又可分为施工准备、施工展开和工程监测检验三个步骤进行。施工准备的主要工作内容有施工设计方案编制，施工场地平整，场地供水、供电和运输线路的畅通，施工设备运输安装就位、调试和试车，施工材料的检验和储备，施工人员的配备和培训等。施工展开的主要工作内容是按设计图纸资料和施工设计方案现场施工，对各工序的施工情况进行观测、记录和检验，把施工情况和施工过程中出现的问题反映到有关工程管理部门，以便及时研究和处理岩土工程施工过程中出现的问题，保证施工任务按时顺利完成。工程检验和监测的主要工作内容是按照国家及地区颁布的工程验收标准和设计的质量要求对施工项目进行检查、探测和试验。对于不合格的岩土工程施工项目，工程单位的主管部门还要责令施工单位和负责建设单位采取补救措施；对一些重要的岩土工程项目，在施工完成之后还要进行较长时间的监测。

岩土工程施工范围很广，施工方法很多，下面着重介绍一些常用的、效果较好的岩土工程施工方法。

第一节　人工地基施工方法

当天然地基的工程技术性质不能满足建(构)筑物的要求时，可进行人工处理，使地基性质获得改良。目前，国内外介绍的地基处理的方法较多，现对常用的主要方法进行介绍。

一、地基浅层置换

地基浅层置换是用工程技术性质较好的土、石料或灰土置换较软弱的天然地基土的浅层部分，以达到改良加固地基的目的。常用的浅层置换的施工方法有挖填换土法和爆炸挤填换土法两种。

(一)挖填换土施工方法

挖填换土施工法是用机器或人力挖除基坑中部分或全部工程技术性质不符合要求的地基土,再回填工程性质较好的土、石料或灰土,最后用碾压、振动碾压或夯击等方式密实回填材料,形成垫层。主要的施工设备和工具及材料有挖掘机、运土车、碾压机、振动碾压机或夯锤。基坑中有地下水时,需用基坑排水设备或场地的降水设备排水。为保证施工质量,要严格按规定标准选用回填的置换材料。如用碎石、卵石、砾砂、中细砂作回填料时,要选用石质坚硬的砂、石,其颗粒级配要良好,易于密实,其中的含泥量不得超过3%;若用素土作回填料,要求其含水量应接近最优击实含水量,土中不得含有机质,填土不得具有明显的浸水膨胀或冻胀性;如以灰土作回填料,须按设计要求进行灰土配比,其含水量接近最优击实含水量。施工中要按设计要求的部位、宽度、深度挖除原有地基土,回填置换料,垫层的密实程度要达到专业技术规范规定的标准。

(二)爆炸挤填换土施工方法

爆炸挤填换土法是在软弱的地基土体顶面预先堆放工程技术性质较好的碎石、卵石或砂,并在软弱地基土体中埋设炸药,然后引爆炸药,利用爆炸冲击力将部分软土挤开,使原来堆放在地表的置换料下沉到地基中形成垫层。爆炸挤填换土是一种高效率的换土新方法,可用于地下水以下的软土置换,置换料的堆放、炸药量的选用、炸药埋放位置和埋放方式是同施工质量密切相关的关键技术,在缺乏施工经验的情况下,要事先进行现场试验获取经验后,才宜全面展开施工。

对于地基浅层置换效果的评价,一般需通过现场试验直接测定其承载能力和变形指标或测定与之有关的物理力学性能指标后才可以进行。常进行的试验有采取垫层试样测定其干容重、含水量、孔隙比、抗剪强度、压缩系数等,对垫层的工程质量要做动力触探、标准贯入、静力触探以及荷载试验。

二、地基密实处理

地基密实处理是利用静压力、振动力、冲击力以及爆破力使地基土密实,从而改良地基土的工程技术性质的处理办法。密实处理可分为浅层密实处理和深层密实处理两种。

(一)浅层密实处理

对地下水位以上的非饱和松散砂土和软弱黏性土地基,可在地基表面碾压、振压或进行较小能量的夯击使地基密实。由于用这些方法只能密实浅部的地基土,故称为浅层密实处理,一般只用来加固道路、堆场和轻型建筑物的软弱地基。浅层密实处理常用的施工方法有机器碾压法、振动压实法和重锤夯实法三种。

1. 机器碾压法

机器碾压法是用压路机、推土机、羊足碾等机器反复碾压地基表面。有时也可以在地基表面添加水泥、石灰等固化料后碾压,也可以铺垫碎石、块石后碾压。采用机器碾压的地基土密实影响深度可达到3 m。

2. 振动压实法

振动压实法是用振动压实机振动碾压地基表面。振动压实的密实影响深度,同振动压实机的质量和振动力的大小有关,也受地基土的含水量以及渗透能力的影响。一般情况下,一台质量为2 t、振动力为50 kN ~ 100 kN的振动压实机,可以使深度为1.5 m左右的土层的密实程度明显增加,取得良好的压实效果。

3. 重锤夯实法

用机器或人力吊起重锤,随后使其自由落下夯实地基表面,也是一种常用的地基浅层密实处理施工方法。重锤夯实法的密实影响深度主要取决于地基土的含水量、渗透性和重锤的质量、落距。为增强夯实效果,重锤的质量不宜太小,落距不宜太短。例如重锤质量为1.5 t,落距为3 ~ 4 m时,其夯实密实深度可达1.5 m。

地基浅层处理施工过程中,需经常采取被压密的地基土试样,测定其含水量、孔隙比、天然容重和干容重,以及时了解地基土的密实状态,指导现场施工。为了评价浅层密实处理后的地基,可采取地基土原状试样,测定其物理力学性能指标,还可以进行静力触探、标准贯入等原位试验。

(二)深层密实处理

利用冲击力、振动力和爆破力来密实地基深部土层的办法称为地基深层密实处理,深层密实处理常用的施工方法有强力夯实法、深层振密和深层爆炸振密法三种,

1. 强力夯实法

强力夯实(简称强夯)法是用大质量的重锤以较高的落距(5 ~ 30 m),自由下落夯击地基表面,使地基土在强大的冲击力作用下密实的施工方法。强力夯实法适于加固松散的碎石土、砂土地基,也可以用来加固地下水位以上的非饱和黏性土地基。强夯的主要施工设备和材料有重80 kN ~ 400 kN、底面积为2 ~ 6 m^2的

重锤,移动式起重机,自动脱钩装置。强夯的主要施工流程是整平场地,铺设砂、砾石或碎石垫层,夯击点现场定位标定,机器设备安装就位,夯击,夯击密度测定并记录各夯击点的夯击能量、夯击次数和夯沉量。强夯施工中,不允许遗漏夯点,每个夯点的夯击次数和整个场地的夯击遍数均应达到设计规定标准。为了掌握施工过程中地基土密实程度和土中孔隙水压力的变化情况,应在地基土体中预埋孔隙水压力计并经常观测记录孔隙水压力的变化,及时采取原状土试料,测定其含水量、容重和干容量,及时测量地基表面的高程变化。为了评价地基强夯处理的效果,须在地基不同深度采取原状土试料测定其物理力学性能指标和进行压缩、剪切试验,或在现场用静力触探、标准贯入、旁压、荷载等原位试验方法进行夯实情况的测定。

2. 深层振密法

深层振密法是将机械振动器沉于地基土体中振动,使地基深部土层在振动力的作用下密实。深层振密法的主要设备是振动器和移动式的起吊机构,施工过程中要经常观测场地地面的下沉情况,以便及时了解振密效果,指导施工。一般情况下只有加固纯净的松散砂土地基,才考虑使用这种施工方法。

3. 深层爆炸振密法

深层爆炸振密法是在地基土体中按一定间距钻孔,孔中安放适量炸药,然后引爆炸药,利用爆炸产生的冲击力和振动力使深层地基土体密实的施工方法。这种施工方法只适宜用来加固纯净的饱和松散砂土地基。深层爆炸振密法施工的主要设备和材料是钻机或沉管成孔机械,炸药、引爆材料和炸药安放工具,施工程序是钻孔,安放炸药,引爆炸药,测量地面高度变化,检测地基土密度变化,对未达到振密要求的部位补孔再爆炸。

三、地基深层挤密置换

地基深层挤密置换是用挤土或取土、排土等成孔方法,在地基中形成较深的垂直孔,孔中充填置换料,振实或击实置换料形成桩体并挤密桩间原有地基土,桩和桩间土一起构成复合地基。与原有天然地基相比,复合地基的工程技术性质获得改良。深层挤密置换有四种常用的施工方法,它们是振冲成孔挤密置换、振动沉管成孔挤密置换、冲击成孔挤密置换和旋转成孔挤密置换。深层挤密置换常用的置换料有碎石、卵石、砂、生石灰、灰土和素土,可以制造碎石桩、砂桩、石灰桩、灰土桩和土桩。

（一）振冲成孔挤密置换法

振冲成孔挤密置换法是用振冲器在地基土体中挤土和排土成孔，孔中充填置换料并振密制桩的施工方法。这种施工方法的主要设备和材料有振冲器、移动式起吊机、水泵和置换料。主要的施工工艺流程是现场测量和标定振冲桩位置，施工设备就位，开动振冲器和水泵成孔，分段向孔内充填置换料，并用振冲器将其振密制桩，使桩顶到达地面。

（二）振动沉管成孔挤密置换施工法

振动沉管成孔挤密置换法是用振动力将桩管挤土沉入地基土体中成孔，孔内充填置换料振密制桩的施工方法。主要施工设备和材料有振动打桩锤桩架、桩管、装料斗和置换料等，主要的施工工艺流程是现场测量和标定桩位，机器就位，开动振动打桩机将桩管沉入地下预定深度成孔，向桩管内灌入置换料，分段振动拔管向孔内充填置换料，振密置换料制桩，使桩顶达到地面为止。

（三）冲击成孔挤密置换法

冲击成孔挤密置换法是冲击挤土成孔，孔中充填置换料，击实置换料并挤密桩间土制桩的施工方法。主要的施工设备和材料有冲击钻机及其配套机具、夯击锤、置换料等。主要的施工工艺流程是机器就位，开动钻机冲击成孔，跟进井壁管保护孔壁，孔深达到预定深度后分段向导管中倒入置换料，逐段起拔井壁管，再次向孔中充填置换料，逐段夯实孔内置换料制桩直到使桩顶达到地面。

（四）旋转成孔挤密置换法

旋转成孔挤密法是旋转钻进成孔，孔中充填置换料，击实置换料并挤密桩间土制桩的施工方法。主要的施工设备和材料有旋转钻机及其配套机具、夯锤、置换料等。主要的施工工艺流程是机器就位，开动钻机旋转成孔，跟进井壁管保护孔壁，孔深达到预定深度后分段向井壁管内倒入置换料，逐段起拔井壁管，再次向孔内充填置换料并夯实成桩。

上述地基深层挤密置换的施工方法都各有特点：①振冲成孔挤密置换法一般是用来制造碎石桩，能造直径大于80 cm的桩，制桩速度快，但在成孔过程中有大量的泥水排出，需要妥善处理这些排出的泥水使其不污染环境和影响施工；②振动沉管成孔挤密置换法可用来制造砂桩、石灰桩、灰土桩和土桩，制桩速度较快，成孔时不排水、土，能保持施工场地干净，但因为使用现有的振动打桩机施工，所以会受机器能量的限制，制桩的桩径一般小于60 cm；③冲击和旋转成孔挤密置换法可用来制造碎石桩、砂桩、石灰桩和土桩，桩径大小可按需要确定，可利用勘察和地质勘探单位现有的钻孔设备作为主要的施工机械,但是这种施工方法的制桩速度般较慢,且成孔时要取土排污,对施工场地的作业条件有不利影响,故不多用。

碎石桩可用来加固松散的砂土地基和软弱的黏性土地基。对于砂土地基,碎石桩兼有挤密和置换两种作用;对于黏性土地基,碎石桩主要起置换作用,砂桩主要用来加固松散砂土地基,也可用来加固软弱的黏性土地基。对于砂土地基,砂桩同碎石桩一样均有挤密和置换两种作用;对于饱和的黏性土地基,砂桩具有加速排水和置换的作用。石灰桩可用来加固软弱的黏性土地基,生石灰同地基土以及土中的水分发生化学反应时,产生水化、胀发挤密、离子交换、胶凝反应等多种效应,使原有地基土的性质获得改良的同时,又置换了部分软弱地基土。灰土桩和土桩主要用来加固地下水位以上的非饱和黄土地基地基,减弱或消除黄土地基的湿陷性,灰土桩还可以提高地基的承载能力。

经过深层挤密置换施工处理的复合地基,需进行室内试验和原位测试,获得充分的试验数据,方能正确地评价工程质量。对于碎石桩桩体,可做动力触探试验来测定其密实度;对于砂桩桩体,可做标准贯入和静力触探试验,获取与其密实度和强度有关的数据;对于石灰桩、灰土桩和土桩的桩体,可以钻取原状试料做室内的物理、化学和力学试验,还可以做标准贯入、静力触探等原位试验。对于各种置换料形成的桩,均可做单桩垂直荷载试验,直接测定单桩的承载力和变形指标;对于复合地基中的桩间土,可采取原状土试料做室内试验,也可做静力触探、标准贯入、十字板、旁压、载荷等原位试验。对于复合地基,必要时可进行大面积承压板的静力或动力荷载试验,直接测定符合地基的承载力和变形指标。对于黄土复合地基,还要做浸水载荷试验,以测定其湿陷性减弱的程度。

四、地基加压排水固结

在饱和的黏性土地基中,建造排水系统,增大地基土的渗透性,并在地基表面施加静压力,使地基土加速排水固结,因而使其工程技术性质获得改良。这也是一种常用的地基处理办法。地基排水加压固结施工主要包括两个方面:建造排水系统和施加静压力。

(一)地基排水系统的建造

地基排水系统建造施工方法包括:①铺设排水垫层,建造水平排水通道。②安装砂井、袋装砂井、排水塑料板,建造竖直排水通道。③地基中的水平排水通道和竖直排水通道连通组合。这样的组合能形成一个完整的排水系统,将明显增大地基的渗透性。

1. 排水垫层法

排水垫层施工是在地基的表面铺设中砂或细砂层，有时也可铺设砂砾或砾石层，作为水平排水通道。垫层的砂料应纯净，含泥量不得超过5%，垫层厚度一般不小于0.5 m。可用人力铺设垫层，也可用推土机、铺路机等机器来铺设。铺设垫层前地基表面应平整，铺设的垫层厚度要均匀，垫层铺设后应碾压密实。

2. 砂井法

砂井施工是用振动、锤击或静压等方式将井管沉入地基中预定深度成孔，然后向井管中灌入砂料，拔起井管使砂充填于孔内形成砂井。砂井的充填料一般为纯净的中细砂，砂井直径多为20 ~ 50 cm，深度一般不超过30 m，井间间距为1 ~ 5 m，通过试验或计算确定砂井的直径、深度、间距根据地基土的渗透性、土层厚度、分布状况以及对地基排水固结程度的要求标准等因素。砂井施工的主要设备及材料有振动式、打入式或压入式砂井打设机、井管、砂料等。施工中要注意保护砂井有较好的垂直度，砂料要充填密实。要防止明显缩径，不允许出现砂井间断、错断等井身不连续现象出现，砂井顶部要同排水垫层直接搭接，使地基中垂直排水通道和水平排水通道联通。

3. 袋装砂井法

袋装砂井施工也是用振动、锤击或静压方式把井管沉入地下，然后向井管中放入预先装好砂料的圆柱形土工织物袋，最后拔起井管将砂袋充填在孔中形成砂井。砂袋是由透水性强、强度高的土工织物缝制的，袋中充填纯净的中、细砂。袋装砂井的井径多为7 ~ 12 cm，井间间距为1 ~ 2 m。袋装砂井施工的主要设备材料有砂井打设机、井管、土工织物袋、砂料等。袋装砂井施工中要注意使井身有较好的垂直度，要防止砂袋破裂漏砂，砂井顶部与排水垫层要搭接好。

4. 排水塑料板法

排水塑料板施工是用压入式或振入式塑料板插放机，把排水塑料板竖直地安放到地基土中，形成竖直的排水通道。主要施工设备是塑料板插放机，主要施工材料是排水塑料板。排水塑料板是一种特制的透水性强、强度高、韧性大的新型材料，安放排水塑料板时，要防止将塑料板拉裂拉断，要将塑料板顶端与排水垫层搭接好。

上述三种竖直排水通道中，袋装砂井的砂料装填在土工织物袋中，能防止砂井间断和错断等不连续现象出现。袋装砂井的井径较小，因而成孔较容易、制井速度较快，用砂量也较少，在一般情况下袋装砂井可作为一种较先进的方法来取代砂井。而排水塑料板具有较好的排水性能，且耐压、耐腐蚀、成本低、施工速度快，是一项有广阔用途的新技术。

（二）地基预压

地基中排水系统建造好后，为了加快地基土的固结，需向地基表面施加压力。在地基上施加压力的施工方法主要有堆载预压和真空预压两种。

1. 堆载预压法

堆载预压施工是在地基表面分级堆放重物，向地基土施加压力使其沉降固结，地基土固结达到预定标准后再移去堆放的重物，完成地基加固任务。堆载预压的主要施工设备是重物搬运机器，主要材料是堆载重物，一般都以施工场地附近的土、石料作为堆载重物。堤坝、路基地基的预压可以堤坝体或路堤体本身作为堆载重物，大型油罐、水池地基预压可利用盛水来进行。堆载预压施工中，要注意控制每级堆荷载重的大小和加荷的速率，防止因加载量过大、过快而使地基发生剪切破坏。为了监测堆载过程中地基土中孔隙水压力的变化和地基土位移情况，应在地下预埋孔隙水压计测定孔隙水压的变化；在堆载区周边的地表设立位移观测桩，用精密测量仪器观测水平和垂直位移；在堆载区周边的地下安装钻孔倾斜仪或其他观测地下土体位移的仪器，测量地基土的水平位移和垂直位移。为了保证地基不会因过大和过快堆载而被破坏，堆载应满足以下两个条件：①堆载区周边地表或地下土体的侧向水平位移速度不超过15～40 mm/d；②单位时间内荷载增量同堆载区周边土体的水平位移增量的比值不超过200 kPa/m。堆载预压过程中要根据上述标准和位移监测数据来指导施工。

2. 真空预压法

真空预压施工是在地基表面覆盖不透气的塑料薄膜，用抽真空设备通过地基中的排水排气管路抽水抽气，使薄膜以下产生负压，地基在大气负压作用下发生固结。真空预压施工的主要设备及材料有真空泵、水泵、集水罐、抽水抽气管道、塑料薄膜等。真空预压施工中，能否用塑料薄膜严密地封闭地基表面，是关系到预压成功的关键技术，把塑料膜的周边铺在水沟底面，沟中充水密封，是一项增大密封效果的先进工艺。现在真空预压值可达到80 kPa。一般情况下，真空预压因施加的压力较小，不会使地基发生剪切破坏。

堆载预压旋工与真空预压施工方法相比，堆载预压施工要搬运大量重物，工程量繁重，但堆载没有荷载量的限制，可使地基土达到较高程度的固结。真空预压施工没有搬运重物的麻烦，这是明显的优点，但目前预压荷重最大只能达到80 kPa，不能满足使地基土达到高度固结的要求。

地基经加压排水固结处理后的工程技术性质，需经试验测定。一般要采取原状地基土试料，测定其物理力学性能指标，也可在现场进行十字板、标准贯入、静力触探、旁压、荷载等原位试验。要根据室内试验和原位测试的结果来检查、评价施工的质量。

五、地基固化施工

地基固化是在地基中灌入或拌入固化剂使地基岩土凝固形成固化体，从而使其工程技术性质获得改良。地基固化的主要施工方法有压力灌浆、高压喷射灌浆、深层搅拌。

（一）地基压力灌浆施工

地基压力灌浆是将含有固化剂的浆液加压灌入地基岩体的裂隙中和土体的孔隙中，把破裂的岩体和松散的土体胶结成为完整性较好、强度较高、透水性低的固化体。灌浆施工的主要设备和材料有钻孔机及其配套机具，浆液配制和搅拌机、灌浆泵、输浆管、灌浆管、止浆塞和浆液。常用的固化剂浆液为水泥浆，有时也使用聚氨酯、聚丙烯酰胺、水玻璃等化学浆和黏土浆。灌浆的主要工艺流程是现场测放，标定灌浆孔位，钻灌浆孔，清洗钻孔，孔中安装灌浆管和止浆塞，地面安装制浆机、灌浆泵和输浆管路，制备浆液，向孔内灌浆。向孔中灌浆可自上而下或自下而上分段作业，也可全孔一次灌注。灌浆施工中要按设计规定的孔位、孔深、孔径以及孔的倾斜度施钻灌浆孔，钻孔不能有明显的扩径和缩径现象，孔壁力求光滑，安装止浆塞要封闭严密，要根据浆液的凝固特点和岩土的渗透性能控制好灌浆延续时间、浆液灌入压力和灌入量。灌浆过程中要保持设备连续工作、输浆灌入系统畅通，防止灌浆意外中断。

（二）高压喷射灌浆施工

高压喷射灌浆是将含有固化剂的浆液、水和空气形成高压射流，切割地基土，破坏土的结构，同时使固化剂掺入结构破坏了的土中，凝固后形成固化土体。固化剂一般为水泥。高压喷射灌浆有三种不同的施工方法：单管灌浆、二重管灌浆和三重管灌浆。单管灌浆只用高压水泥浆射流切割土体，主要施工设备有高压泥浆泵、喷浆管；二重管灌浆以压缩空气环绕的高压水泥浆射流切割土体，主要施工设备除高压泥浆泵外，还有空气压缩机和二重喷射管；三重管灌浆以水泥浆射流，与压缩空气环绕的高压水射流共同切割搅拌土体，主要施工设备除高压泥浆泵和空气压缩机外，还要添加高压水泵和三重喷射管。高压喷射灌浆施工的主要工艺流程是在标定的位置向地下钻孔，把灌浆喷射管安放到钻孔中（软土地基也可把喷射管直接打入地基土中，不必施工钻孔），地面安装水泥浆搅拌机和喷射灌浆设备以及输浆管路，制备水泥浆液，开动灌浆设备产生射流灌浆，同时自下而上提升喷射管，必要时可反复下沉和提升喷射管，重复喷射灌浆。如果在提动喷射管灌浆的同时旋转喷射管，称为旋喷，旋喷可制造柱形固化土体即旋喷桩；如果不旋转喷射管，让射流定向喷射，则可制造成墙形固化土体。高压喷射灌浆施工要严格按设计规定的配方制备水泥浆液，合理地掌握灌浆时的浆压、水压、气压、灌浆流量、灌浆时间以及喷射管的提升降落次数和升降速度，保证灌浆质量。

（三）深层搅拌施工

深层搅拌施工法是将特制的深层搅拌头沉入地基中旋转搅拌，破坏地基土结构的同时，将固化剂拌入土中，凝固后形成柱形的固化体（深层搅拌桩），深层搅拌一般用水泥或石灰的浆液或粉料作固化剂，用浆液作固化剂的称为喷浆搅拌，以粉料作固化剂的则称为喷粉搅拌。深层搅拌的主要施工设备有深层搅拌机、起重机、导向架、输浆管等。主要施工工艺流程是机器就位，制备浆液或粉料，开动深层搅拌机将搅拌头沉入地下预定深度，提升搅拌头喷出固化剂搅拌。需要时可反复下沉和提升喷搅，搅拌桩完成后将搅拌头提出地面，及时清洗设备。深层搅拌施工中，要把机器安装平稳以保持搅拌桩有较好的垂直度，合理地掌握搅拌头的下沉和提升速度，使桩柱体拌和均匀、合理地控制固化剂的用量，搅拌时保证输浆输粉系统正常运转，防止喷浆或喷粉间断。

上述三种施工方法各有其应用范围和特点。压力灌浆可以在土（岩）体中形成深度和宽度范围较大的连续固化体，适用于透水性较强的土体和裂隙发育的岩体的加固与防渗；可用于地基处理、基础托换、边坡、洞室等工程，但在弱透水地层中使用效果不佳。高压喷射灌浆既可在地基土中建造直径较大的柱形固化体（旋喷桩），又可以建造墙形固化体（地下连续墙），适用于砂土和黏性土地基的加固和防渗，施工效果不受地基土渗透性的影响，建（构）筑物的深基础，深基坑边坡和浅埋洞室侧壁的支档，也可用作地下隔水帷幕以及土体滑坡的加固。深层搅拌法在地基中形成柱形固化体（深层搅拌桩），只适用于软弱黏性土的加固处理，可用于地基、边坡、洞室等工程的加固和防渗。

地基固化处理的效果，通常进行如下试验来测试：在固化体中采取试块，进行物理、力学和渗透试验；现场对固化体进行荷载试验，测定其承载能力和变形指标；现场对固化体及其邻近岩土进行注水、压水和抽水试验，检验其防渗能力。

六、地基降水施工

某些地下工程施工时（如开挖基坑、开凿隧道、修建洞室等），为了制造较好的施工环境，保持岩土稳定，防止土体的过分扰动，需要降低地基中的地下水位。松散的砂土地基和软弱的黏性土地基在地下水位降低后，还会在自重压力作用下发生一定程度的固结，使地基的工程技术性质获得改良。地基中降低地下水的常用方法有明沟排水和井点降水两种。

（一）明沟排水

明沟排水是在坑底部挖掘排水沟和集水井，地下水沿排水沟向集水井汇集，再用水泵将集水井中的水排到基坑以外。这是一种较为简单的降水施工方法。

（二）井点降水

井点降水是在地下工程（如基坑）周围建造地下井点排水系统来疏干一定范围内地基岩体或土体中的地下水。常用的井点降水施工方法有轻型井点降水、喷射井点降水和管井降水三种。

1. 轻型井点降水法

轻型井点降水法是在地下竖直安装内径较小的井管，在地面用一根集水总管把数处井点管的地面管口串联起来，集水总管和真空泵及离心泵联通，用真空泵排除集水总管和井点管中的空气，用离心泵抽取地下水。轻型井点降水的主要设备和材料有井点管（包括滤水管和井管两部分）、集水总管（一般用内径为102 ~ 127 mm的无缝钢管）、集水箱、排水管、真空泵、离心泵和砂、烁料、黏土等，主要的施工工艺流程是：①用高压水冲法或钻孔法在地下成井；②井中安装井点管，井点管的滤水管部分与井壁间的空隙充填滤水砂和砾料，井管部分与井壁间的空隙填塞黏土密封；③将井点管的地面管口同集水总管串联，把集水总管与真空泵和离心泵接通；④安装集水箱和排水管；⑤开动真空泵排气，再开动离心泵抽水；⑥测量观测井中地下水位变化。

2. 喷射井点降水法

喷射井点降水法是在井点管内部安装特制的喷射器，用高压泵或空气压缩机通过井点管中的内管向喷射器输送高压水（喷水井点）或压缩空气（喷气井点）形成水气射流，将地下水经井点外管与内管之间的间隙抽出排到地面。喷射井点降水的主要设备和材料有装有内管和喷射器的井点管、高压水泵或空气压缩机、离心泵、循环水槽、导水总管、排水管、砂、烁料、黏土等。主要施工工艺流程是:①用高压水冲法或钻孔法成井;②井中安装带有喷射器的井点管,并充填滤水砂砾料、填料和填塞密封黏土;③将导水总管和各井点管的内管接通,把导水总管同高压泵或空气压缩机接通;④把各井点管的外管管口与排水管接通;⑤排水管通到循环水槽;⑥开动高压泵或空压机向喷射器输送高压水或压缩空气抽取地下水;⑦用离心泵排除循环水槽中多余的水;⑧测量观测井中的地下水位。

3. 管井降水法

管井降水是用离心泵或深井泵在地下管井中抽水,主要的施工设备和材料有深井泵、离心泵、井管(滤水管和井壁管)、砂、砾料、黏土,主要施工工艺流程是:①钻孔法成井;②井中安装井管,滤水管与井壁间充填滤水砂砾料,井壁管与井壁间填塞黏土;③安装水泵;④接通排水管;⑤开动水泵抽水;⑥观测抽水井和孔中地下水位变化。

井点降水的三种施工方法,各有其特点:轻型井点法所需的施工设备材料不多,安装迅速简便,但降水深度受大气压力的限制,单层井点的降水深度最深不超过6 m。喷射井点法所需的施工设备较多,但降水深度较大,降深可以超过20 m。轻型井点和喷射井点法适用于渗透系数大于0.1 m/d的砂土和碎石土地基的降水。管井降水的排水量大,常用于渗透系数大于10 m/d的强透水性地基的降水。

七、地基冻结施工

有些地基的地下工程施工,还可以采用冻结法,即将地基土冰冻成完整性较好、强度较高和不透水的临时性固化体,以利于施工期间土体的稳定和防止地下水的不利影响。地基冻结法是在地基中钻冷冻孔,孔中安装冷冻管并通过地面的管路联通冷冻机,开动冷冻机驱动冷冻液在冷冻管路中循环,使冷冻孔周围的土体冻结。常用的冷冻液有液态氮、液态二氧化碳和冷冻氯化钙溶液。

第二节 桩基础施工方法

随着高大、重要建(构)筑物的兴建,以及基础托换、边坡抗滑、洞室建造(用作挡墙)等工程的需要,桩基础的应用越来越广泛,桩基础施工已成为岩土工程的重要组成内容之一。桩基础按桩身的制作方式不同,可分为预制桩和灌注桩两大类,两类桩基础的施工方法不同。

一、预制桩施工

预制桩主要有实心桩和预应力管桩两种,沉桩方式有锤击式、振动式和静力压桩,其中以锤击式最为普遍。预制桩制作方便、承载力较大、施工速度快,桩身质量易于控制,不受地下水水位的影响,不存在泥浆排放的问题,是最常用的一种桩型。这里以钢筋混凝土预制桩施工为例,详细讲解预制桩的制作与施工。

(一)预制桩的制作、起吊、运输和堆放

1. 预制桩的制作

预制桩较短的(10 m内)可在预制厂加工,较长的因不便运输,一般在施工现场露天制作(长桩可分节制作)。

预制桩的制作程序为:现场布置→场地地基处理、整平→场地地坪浇筑混凝土→支模→绑扎钢筋、安设吊环→浇筑混凝土→养护至30%强度拆模→支间隔端头模板、刷隔离剂、绑扎钢筋→浇筑间隔桩混凝土。同法,间隔重叠制作第二层桩→养护至70%强度起吊→达100%强度后运输、打桩。

方形桩边长通常为200~450 mm,在现场预制时采用重叠法,重叠层数不宜超过4层;预应力管桩都在工厂内采用离心法制作,直径为300~550 mm。

预制桩钢筋骨架的主筋连接宜采用对焊,同一截面内主筋接头不得超过50%,距桩顶1 m内不应有接头,钢筋骨架的偏差应符合有关规定。

桩的混凝土强度等级应不低于C30,浇筑时从桩顶向桩尖进行,应一次浇筑完毕,严禁中断。制作完成后应洒水养护不少于7 d,上层桩制作应待下层桩的混凝土强度达到设计强度的30%才可进行。

2. 预制桩的起吊、运输和堆放

桩身强度达到设计强度的70%方可起吊,达到设计强度的100%才能运输。预制桩在起吊和搬运时,必须做到吊点符合设计要求,如无吊环,且设计又无要求,则应符合最小弯矩原则。起吊时,应平稳、匀速,以免以免损坏预制桩。

桩的堆放场地应平整、坚实。垫木与吊点的位置应相同,并保持在同一平面内。同桩号的桩应堆放在一起,而桩尖均指向一端。多层垫木应上下对齐,最下层的垫木要适当加宽。堆放一般不宜超过4层。

打桩前,桩应运到现场或桩架处以备打桩,应根据打桩顺序随打随运,以免

二次搬运。当现场运距不大时，可用起重机吊运或在桩下垫以滚筒用卷扬机拖拉；距离较远时，可采用汽车或轻便轨道小平板车运输。

（二）预制桩打桩机具

打桩机具主要包括桩锤、桩架和动力装置三部分。

1. 桩锤

桩锤是对桩施加冲击力，将桩打入土中的主要机具，施工中常用的桩锤有落锤、单动气锤、双动气锤、柴油锤和振动桩锤。用锤击法沉桩时，选择桩锤是关键。桩锤的选用应根据施工条件先确定桩锤的类型，再确定锤的质量，锤的质量应大于或等于桩重。打桩时宜采用“重锤低击”，即锤的质量大而落距短，这样，桩锤不易产生回跳，桩头不易损坏，而且桩容易被打入土中。

2. 桩架

桩架是将桩吊到打桩位置，并在打桩过程中引导桩的方向使其不致发生偏移，保证桩锤能沿要求方向冲击。桩架种类和高度的选择，应根据桩锤的种类、桩的长度、施工地点的条件等确定。目前应用最多的桩架是多功能桩架、步履式桩架和履带式桩架。

多功能桩架主要由底盘、导向杆、斜撑、滑轮组、动力设备等组成。其适应性和机动性较强，在水平方向可360°回转，导架可伸缩和前后倾斜，底盘上的轨道轮可沿轨道行走。多功能桩架可用于各种预制桩和灌注桩的施工。其缺点是机构比较庞大，现场组装、拆卸和转运较困难。

履带式桩架以履带式起重机为底盘，增加了立柱、斜撑、导杆等。这种桩架性能灵活、移动方便，可用于各种预制桩和灌注桩的施工。

3. 动力装置

动力装置是落锤以电源为动力，配以电动卷扬机、变压器、电缆等。蒸汽锤以高压蒸汽为动力，配以蒸汽锅炉、蒸汽绞盘等；气锤以压缩空气为动力，配以空气压缩机、内燃机等。柴油锤的桩锤本身有燃烧室，不需要外部动力。

（三）预制桩打桩施工

1. 打桩前的准备工作

测定桩的轴线位置和标高，并经过检查办理预检手续。

处理高空和地下的障碍物。如影响邻近建筑物或构筑物的使用或安全时，应与有关单位沟通，采取有效措施，予以处理。

根据轴线放出桩位线，用木橛或钢筋头钉好桩位，并用白灰做标志，以便施打。

场地应碾压平整，排水畅通，保证桩机的移动和稳定垂直。

打试验桩。施工前必须打试验桩，其数量不少于2根。确定贯入度并校验打桩设备、施工工艺以及技术措施是否适宜。

要选择和确定打桩机进出路线和打桩顺序，制订施工方案，做好技术交底。

准备好桩基沉桩记录和隐蔽工程验收记录，并安排好记录和监理人员。

2. 打桩顺序

打桩顺序是否合理，直接影响打桩进度和施工质量。在确定打桩顺序时，应考虑桩对土体的挤压位移对施工本身及附近建筑物的影响。一般情况下，当桩的中心距小于4倍桩径时，就要拟定打桩顺序；当桩距大于4倍桩径时，打桩顺序与土壤挤压情况关系不大。打桩顺序一般分为逐排打、由外向内打、由内向外打和分段打四种。

逐排打桩，桩架系单向移动，桩的就位与起吊均很方便，故打桩效率较高，但它会使土壤向一个方向挤压，土壤挤压不均匀，后面桩的打入深度将因而逐渐减小，最终会引起建筑物的不均匀沉降。

由外向内打，则中间部分土壤挤压较密实，不仅使桩难以打入，而且在施打中间桩时，还有可能使外侧桩受挤压而浮起。

因此，上述两种打法适用于桩距较大（大于或等于4倍桩距），即桩不太密集时施工。

由内向外打和分段打是比较合理的施工方法，一般情况下均可采用。

合理的打桩原则是：当一侧邻近建筑物时，由邻近建筑物处向另一方向施打；根据桩的设计标高，先深后浅；根据桩的规格，先大后小，先长后短。

3. 打桩的施工工艺

预制桩施工的工艺流程：打桩机就位→起吊预制桩→稳桩→打桩→接桩→送桩→中间检查验收→移机至下一个桩位。

操作工艺：①打桩机就位。打桩机就位时，应对准桩位，保证垂直稳定，在施工中不发生倾斜、移动。②起吊预制桩。先拴好吊桩用的钢丝绳和索具，然后应用索具捆住桩上端吊环附近处，一般不宜超过30 cm，再启动机器起吊预制桩，使桩尖垂直对准桩位中心，缓缓放下插入土中，位置要准确；再在桩顶扣好桩帽或桩箍，即可除去索具。③稳桩。桩尖插入桩位后，先用较小的落距冷锤1或2次，桩插入土一定深度,再使桩垂直稳定。④打桩。10 m以内短桩可目测或用线坠双向校正;10 m以上或打接桩必须用线坠或经纬仪双向校正,不得用目测。桩插入时垂直度偏差不得超过0.5%。桩在打入之前,应在桩的侧面或桩架上设置标尺,以便在施工中观测、记录。⑤接桩。接桩方式:多节桩的接桩,可用焊接、法兰或硫黄胶泥锚接,前两种接桩方式适用于各类土层,硫黄胶泥接桩只适用于软弱土层。各类接桩方式均应严格按规范执行。⑥送桩。当桩顶标高较低,需送桩入土时,应用钢制送桩放于桩顶上,锤击送桩将桩送入土中。

4. 紧急情况

打桩过程中,如遇下列情况应暂停,并及时与有关单位研究处理:①贯入度剧变;②桩身突然发生倾斜、位移或有严重回弹;③桩顶或桩身出现严重裂缝或破碎。

5. 打桩的质量控制

摩擦桩位于一般土层时,以控制桩端设计标高为主,贯入度可做参考。

端承桩的入土深度以最后贯入度控制为主,桩端标高做参考。当贯入度已达到,而桩顶标高未达到时,应继续锤击3阵,按每阵10击的贯入度不大于设计规定的数值加以确定。

6. 质量问题

桩身断裂:桩身弯曲过大、强度不足、地下有障碍物等原因造成,或桩在堆放、起吊或运输过程中产生断裂但没有被发现。应及时检查。

桩顶碎裂:桩顶强度不够及钢筋网片不足、主筋距桩顶面太近,或桩顶不平、施工机具选择不当等原因所造成。应加强施工准备时的检查。

桩身倾斜:场地不平、打桩机底盘不水平或稳桩不垂直、桩尖在地下遇见硬物等原因所造成。应严格按工艺操作规定执行。

接桩处拉脱开裂:连接处表面不干净、连接铁件不平、焊接质量不符合要求、接桩上下中心线不在同一条线上等原因所造成。应保证接桩的质量。

(四)静力压桩施工

静力压桩是用静力压桩机或锚杆将预制钢筋混凝土桩分节压入地基土中的一种沉桩施工工艺。

静力压桩适用于软土、填土及一般黏性土层,特别适用于居民稠密区域及危房附近,环境要求严格的地区沉桩,但不宜用于地下有较多孤石、障碍物或有厚度大于2 m的中密以上砂夹层,以及单桩承载力超过1 600 kN的情况。

1. 静力压桩设备

静力压桩机有机械式和液压式两种。机械式静力压桩机由桩架、卷扬机、加压钢丝滑轮组和活动压梁组成，施压部分在桩顶端部，施加静压力为600 kN ~ 2 000 kN，这种压桩机装配费用较低，但设备高大笨重，移动不便，压桩速度较慢。液压式静力压桩机由压拔装置、行走机构、起吊装置等组成，采用液压操作，自动化程度高，结构紧凑，行走方便快速，施压部分在桩身侧面，是当前国内采用较广泛的一种新型压桩机械。

2. 压桩工艺

压桩工艺一般是先进行场地平整，并使其具有一定的承载力，压桩机安装就位，按额定的总质量配置压重，调整机架的水平度和垂直度，将桩吊入夹持机构中并对中，垂直将桩夹持住，正式压桩。压桩过程中应经常观察压力表，控制压桩阻力，记录压桩深度，做好压桩施工记录。若为多节桩，中途接桩可采用浆锚法或焊接法。压桩的终压控制，应按设计要求确定，一般摩擦桩以压入长度控制，压桩阻力作为参考；端承桩以压桩阻力控制，压入深度作为参考。

3. 施工要点

静力压桩机应根据设计和土质情况配足额定质量（额定装载量）；桩帽、桩身和送桩的中心线应重合；压同一根桩时应缩短停歇时间；采取技术措施，减小静力压桩的挤土效应；注意限制压桩速度。

二、灌注桩施工

灌注桩是直接在施工现场的桩位上成孔，然后在孔内灌注混凝土或钢筋混凝土而成的。与预制桩相比，灌注桩具有施工噪声低、震动小、挤土影响小、无须接桩等优点。但其成桩工艺复杂、施工速度较慢、质量影响因素较多。根据成孔工艺的不同，灌注桩可分为泥浆护壁钻孔灌注桩、沉管灌注桩、爆扩成孔灌注桩和人工挖孔灌注桩。这里以钢筋混凝土灌注桩施工为例，详细讲解灌注桩的制作与施工。

（一）泥浆护壁钻孔灌注桩

泥浆护壁钻孔灌注桩是利用相对密度大于1的泥浆护壁，钻孔时通过循环泥浆将钻头切削下的土渣排出孔外而成孔，而后吊放钢筋笼，水下灌注混凝土而成的桩。其适用于地下水水位较高的含水黏土层，或流砂、夹砂、风化岩等各种土层中的桩基成孔施工，因而使用范围较广。

1. 分类

泥浆护壁钻孔灌注桩按成孔工艺和成孔机械的不同,可分为冲击成孔灌注桩、冲抓成孔灌注桩、回转钻成孔灌注桩和潜水钻成孔灌注桩。其中,以回转钻成孔灌注桩应用最多,为国内应用范围较广的成桩方式。

回转钻机具有钻头回转切削、泥浆循环排土和泥浆保护孔壁的特点,施工时是一种湿作业的方式,可用于各种地质条件。

泥浆具有排渣和护壁的作用。根据泥浆循环的方式,泥浆循环成孔分为正循环和反循环两种施工方法。

正循环回转钻成孔的工艺原理是由空心钻杆内部通入泥浆或高压水,从钻杆底部喷出,携带钻下的土渣沿孔壁向上流动,由孔口将土渣带出流入泥浆池。正循环具有设备简单、操作方便、费用较低等优点,适用于小直径孔(ϕ<0.8 m),但排渣能力较弱。

反循环回转钻成孔的泥浆带渣流动方向与正循环回转钻成孔的情况相反。反循环工艺泥浆上流的速度较高,能携带大量的土渣。反循环回转钻成孔是目前大直径桩成孔的一种有效的施工方法,适用于大直径孔(ϕ≥0.8 m)。

2. 施工工艺流程

第一步,测定桩位。平整清理好施工现场后,设置桩基轴线定位点和水准点,根据桩位平面布置施工图,定位出每根桩的位置,并做好标志。施工前,检查复核桩位,以防被外界因素影响而造成偏移。

第二步,埋设护筒。护筒一般由钢板卷制而成,钢板厚度视孔径大小采用4～8 mm,护筒内径宜比设计桩径大100 mm,其上部宜开设1或2个溢流孔。一般情况下,护筒埋置深度在黏性土中不宜小于1 m,在砂土中不宜小于1.5 m,其高度还应满足护筒内泥浆面高度大于地下水水位的要求。对淤泥等软弱土层应增加护筒埋深,护筒顶面宜高出地面300 mm,护筒内径应比钻头直径大100 mm。

旱地、筑岛处护筒可采用挖坑埋设法,护筒底部和四周回填黏性土并分层夯实;水域护筒设置应严格注意平面位置,竖向倾斜,护筒沉入可采用压重、震动、锤击并辅以护筒内取土的方法。护筒埋设完毕,护筒中心竖直线应与桩中心重合,除设计另有规定外,平面允许误差为50 mm,竖直线倾斜不大于1%。

护筒连接处要求筒内无凸出物,应耐拉压、不漏水。应根据地下水水位的涨落,适当调整护筒的高度和深度,必要时应打入不透水层。

第三步,制备护壁泥浆。护壁泥浆一般由水、黏土(或膨润土)和添加剂按一定比例配制而成，其可通过机械在泥浆池、钻孔中搅拌均匀。泥浆池的容量宜不小于桩体积的3倍。泥浆的配置应根据钻孔的工程地质情况、孔位、钻机性能、循环方式等确定。泥浆的密度应控制在1.1左右。

第四步，钻孔。钻孔前，应根据工程地质资料和设计资料，使用适当的钻机种类、型号，并配备适用的钻头，调配合适的泥浆。钻机就位前，应调整好施工机械，对钻孔各项准备工作进行检查。钻机就位时，应采取措施保证钻具中心和护筒中心重合，其偏差不应大于20 mm。钻机就位后应平整稳固，并采取措施固定，保证钻机在钻进过程中不产生位移和摇晃，否则应及时处理。

钻孔作业应分班连续进行，认真填写钻孔施工记录，交接班时应交代钻进情况及下一班的注意事项。应经常对钻孔泥浆进行检测和试验，注入的泥浆密度应控制为1.1左右，排出的泥浆密度宜为1.2 ~ 1.4，不符合要求时应随时纠正。应经常注意土层变化，在土层变化处均应捞取渣样，判明后记录并与地质剖面图核对。

开钻时，在护筒下一定范围内应慢速钻进，待导向部位或钻头全部进入土层后，方可加速钻进。当钻孔、排渣或因故障停钻时，应始终保持孔内具有规定的水位和要求的泥浆相对密度和黏度。

第五步，清孔。在钻孔深度达到设计要求时，对孔深、孔径、孔的垂直度等进行检查，符合要求后要进行清孔。清孔根据设计要求，施工机械采用换浆、抽浆、掏渣等方法进行。以原土造浆的钻孔，清孔可用射水法，同时钻机只钻不进，待泥浆相对密度降到1.1左右即认为清孔合格；对于注入制备泥浆的钻孔，采用换浆法清孔，至换出的泥浆相对密度为1.15 ~ 1.25时方为合格。

最终清孔达到如下标准才算合格：浇筑混凝土前，孔底沉渣允许厚度符合标准规定，即摩擦桩≤300 mm，端承桩≤50 mm，摩擦端承桩或端承摩擦桩≤100 mm；泥浆性能指标在浇筑混凝土前，孔底500 mm以内的相对密度≤1.25，黏度≤28 s，含砂率≤8%。

不论采用何种清孔方法，在清孔排渣时，必须注意保持孔内水头，防止塌孔。

第六步，吊放钢筋笼。清孔后应立即安放钢筋笼、浇筑混凝土。当钢筋笼全长超过12 m时，钢筋笼宜分段制作、吊放，接头处用焊接连接。为增加钢筋笼的纵向刚度和灌注桩的整体性，每隔2 m焊一个ϕ12 mm的加强环箍筋。吊放钢筋笼时应保持垂直、缓慢放入，防止碰撞孔壁。吊放完毕经检查符合设计标高后将钢筋笼临时固定，以防移动。

第七步,灌注桩施工。混凝土开始灌注时,应先搅拌0.5 ~ 1.0 m³同混凝土强度相同的水泥砂浆放在料斗的底部。料斗下的封水塞可采用预制混凝土塞、木塞或充气球胆。混凝土运至灌注地点后,应检查其均匀性和坍落度,如不符合要求应进行第二次拌和,两次拌和后仍不符合要求时不得使用。混凝土应连续灌注,严禁中途停止。

在灌注过程中,导管埋在混凝土中的深度应控制为2 ~ 6 m。严禁导管提出混凝土面,并有专人测量导管埋深及管内外混凝土面的高差,同时填写水下混凝土灌注记录。应时刻注意观测孔内泥浆返出情况,倾听导管内混凝土下落声音,如有异常必须采取相应处理措施。灌注时宜使导管在一定范围内上下窜动,防止混凝土凝固,增加灌注速度。

为防止钢筋骨架上浮,当灌注的混凝土顶面距钢筋骨架底部1 m左右时,应降低混凝土的灌注速度;当混凝土拌合物上升到距骨架底口4 m以上时,提升导管,使其底口高于骨架底部2 m以上,即可恢复正常灌注速度。灌注的桩顶标高应比设计高出一定高度,一般为0.5 ~ 1.0 m,以保证桩头混凝土的强度,多余部分接桩前必须凿除,桩头应无松散层。在灌注将近结束时,应核对混凝土的灌入数量,以确保所测混凝土的灌注高度正确。

(二)沉管灌注桩

沉管灌注桩是指用锤击或振动的方式,将带有预制混凝土桩尖或钢活瓣桩尖的钢套管沉入土中,待沉到规定的深度后,立即在管内浇筑混凝土或在管内放入钢筋笼后再浇筑混凝土,随后拔出钢套管,并利用拔管时的冲击或振动使混凝土捣实成桩。沉管灌注桩是目前建筑工程中常用的一种灌注桩,主要应用于黏性土、淤泥、淤泥质土、稍密的砂土及杂填土。按沉管方式的不同,沉管灌注桩分为振动沉管灌注桩和锤击沉管灌注桩两种。

1. 振动沉管灌注桩

振动沉管灌注桩采用激振器或振动冲击锤沉管。施工时先安装好桩机,将桩管下活瓣合起来,对准桩位,缓慢将桩管压入土中,即可开动振动器沉管。桩管在激振力的作用下,以一定的频率和振幅产生振动,减少了桩管与周围土体间的摩擦力,钢管在加压作用下沉入土中。

振动沉管灌注桩可采用单振法、复振法和反插法施工。

单振法:即一次拔管法。在管内灌满混凝土后,先振动5 ~ 10 s,再开始拔管,应边振边拔,每提升0.5 m停拔,振动5 ~ 10 s后再拔管0.5 m,再振动5 ~ 10 s,如此反复进行直至拔出地面。

复振法:在同一桩孔内进行两次单振,或根据需要进行局部复打。复振法施工必须在第一次浇筑的混凝土初凝之前完成,同时前后两次沉管的轴线必须重合。

反插法:在套管内灌满混凝土后,先振动再拔管,每次拔管高度为0.5 ~ 1.0 m,再将钢管下沉0.3 ~ 0.5 m。在拔管时分段添加混凝土,如此反复进行并始终保持振动,直到钢管被全部拔出地面。反插法能使桩的截面增大,从而提高桩的承载力,宜在较差的软土地基上应用。施工时,应严格控制拔管速度不大于0.5 m/min。

2. 锤击沉管灌注桩

锤击沉管灌注桩是用锤击打桩机将带活瓣桩尖(靴)或设置钢筋混凝土预制桩尖的钢套管锤击沉入土中,然后边浇筑混凝土边用卷扬机拔管成桩。锤击沉管灌注桩应用于一般黏性土、淤泥质土、砂土和人工填土地基。

锤击沉管灌注桩按施工工艺可分为单打灌注桩和复打灌注桩。

单打灌注桩适用于含水量较小的土层。施工时,先将桩机就位,吊起桩管,垂直套入预先埋好的预制混凝土桩尖压入土中。桩管与桩尖接触处应垫以稻草绳或麻绳垫圈,以防地下水渗入管内,然后缓缓放下套管,套入桩靴压进土中。套管上端扣上桩帽,当检查桩管与桩锤、桩架等在同一垂直线上(偏差≤0.5%)时,即可起锤沉管。先用低锤轻击,观察无偏移后方可进入正常施工,直至符合设计要求的贯入度或沉入标高。停止锤击后,检查管内有无泥浆或水进入,即可放钢筋笼、浇筑混凝土。桩管内混凝土应尽量灌满,然后开始拔管。拔管要均匀,第一次拔管高度控制在能容纳第二次所需灌入的混凝土量为限,不宜拔管过高,应保证管内保持不少于2 m高度的混凝土。拔管时应保持连续密锤低击不停,并控制拔管速度,对一般土层,以不大于1 m/min为宜;在软弱土层及软硬土层交界处,应控制在0.8 m/min以内。桩锤冲击频率视锤的类型而定:单动汽锤采用倒打拔管,频率不低于70次/min;自由落锤轻击不得少于50次/min。在管底未拔到桩顶设计标高之前,倒打或轻击不得中断。拔管时还要经常探测混凝土落下的扩散情况,注意使管内的混凝土量保持略高于地面,直到桩管全部拔出地面为止。混凝土的落下情况可用吊砣探测。桩的中心距5倍桩管径以内或小于2 m时,均应跳打,中间空出的桩须待邻桩混凝土达到设计强度的50%以后,方可施工。

复打灌注桩施工是在单打灌注桩施工完毕,拔出桩管后,及时清除黏附在管壁和散落在地面上的泥土,在原桩位上第二次安放桩尖,后序施工同单打法。复打灌注桩施工时应注意，其必须在第一次灌注的混凝土初凝前全部完成，桩管在第二次打入时应与第一次的轴线重合。

3. 套管成孔灌注桩常见的质量问题及处理方法

（1）断桩

断桩一般发生在地面以下软、硬土层的交接处，多数发生在黏性土中，在砂石和松土中很少出现。

产生断桩的主要原因有：桩距过小，受邻桩施打时挤土造成的影响；软土、硬土层间传递水平力大小不同，对桩产生剪应力；混凝土终凝不久，强度弱，受振动和外力扰动；拔管时速度过快，混凝土来不及下落，周围的土迅速回缩，形成断桩。

避免断桩的措施：布桩不宜过密，桩间距宜大于3.5倍桩径；合理制定打桩顺序和桩架行走路线，以减少振动的影响；采用跳打法施工，跳打应在相邻成形的桩达到设计强度的60%以上进行；认真控制拔管速度，一般以1.2～1.5 m/min为宜。

如已查出断桩，应将断桩段拔出，孔清理干净后，略增大面积或加上箍筋后，再重新浇筑混凝土。

（2）缩颈桩

缩颈桩又称为瓶颈桩，桩身局部直径小于设计直径。其产生的主要原因是：在含水率很高的软土层中沉桩管时，土受挤压产生很高的空隙水压，拔管后挤向新灌的混凝土而造成桩径截面缩小；拔管速度过快，混凝土流动性差或混凝土装入量少，混凝土出管时的扩散差也会造成缩颈现象。

预防措施：施工时，每次应尽量多向桩管内装混凝土，使之有足够的扩散压力；严格控制拔管速度。

处理方法：若桩轻度缩颈，可采用反插法；若桩局部缩颈，可采用半复打法；若桩身多处缩颈，可采用复打法。

（3）吊脚桩

吊脚桩是指桩底部混凝土隔空或混凝土中混进泥砂而形成松软层。其形成的原因是预制桩尖质量差，沉管时被破坏，泥砂和水挤入桩管。

处理方法：将桩管拔出，纠正桩尖或将砂回填桩孔后重新沉管。

（三）人工挖孔灌注桩

人工挖孔灌注桩是用人工挖土成孔，然后安放钢筋笼，浇筑混凝土成桩。人工挖孔灌注桩的优点是施工的机具设备简单，操作工艺简便，作业时无震动、无噪声、无环境污染,对周围建筑物影响小;施工速度快(可多桩同时进行);施工费用低;当土质复杂时,可直接观察或检验分析土质情况;桩端可以人工扩大,以获得较大的承载力,满足一柱一桩的要求;能清除干净桩底的沉渣,施工质量可靠。人工挖孔灌注桩是目前大直径灌注桩施工的一种主要工艺方式。其缺点是桩成孔工艺劳动强度较大,单桩施工速度较慢,安全性较差。

人工挖孔灌注桩的直径一般为0.8 ~ 2 m,最大直径可达3.5 m;桩的长度一般为20 m左右,最大可达40 m。

1. 人工挖孔灌注桩的主要施工过程

(1)挖孔

主要采用人工挖土成孔。施工人员在保护圈内用常规挖土工具(如短柄铁锹、镐、锤、钎)进行挖土,将土运出孔的提升机具主要有卷扬机、电动葫芦和活底吊桶。

(2)辅助工程

辅助工程主要包括支护、通风和降水。为防止坍孔并保证操作安全,应根据桩径的大小和地质情况采用可靠的支护孔壁施工,支护方法有钢筋混凝土护圈、沉井护圈和钢套管护圈。

钢筋混凝土护圈一般每节高0.8 ~ 1 m,施工时护圈上下搭接50 ~ 75 mm,厚8 ~ 15 cm,混凝土强度等级为C20或C25(混凝土抗压强度标准值为20或25),中间配适量的钢筋。钢筋混凝土护圈应用最多。沉井护圈和钢套管护圈主要应用于强透水土层。通风设备主要有鼓风机和送风管,用于向桩孔中强制送入新鲜空气。地下水渗出较少时,可将其随吊桶一起吊出;大量渗水时,可设置集水井,用泵将水抽出井外;涌水量很大时,可选一桩超前开挖,用泵进行抽水,以起到深井降水的作用。

(3)钢筋混凝土工程

钢筋笼的制作与一般灌注桩的方法相同,钢筋就位用小型吊运机具或履带吊进行;混凝土用强度等级为42.5级的普通水泥或矿渣水泥,下料采用串桶或溜管,连续分层浇捣,每层厚度不超过1.5 m,施工完后养护时间不少于7 d。

2. 人工挖孔灌注桩常见的问题及处理方法

人工挖孔灌注桩常见的问题主要有坍孔、井涌(流泥)、护壁裂缝、淹井、截面变形和超量六种。

坍孔主要是地下水渗流比较严重,土层变化部位挖孔深度大于土体稳定极限高度和支护不及时造成。施工时要连续降水，使孔底不积水，防止偏位和超挖并及时支护。对塌方严重的孔壁，用砂、石子填塞并在护壁的相应部位增加泄水孔，用以排除孔洞内的积水。

井涌是土颗粒较细，当地下水水位差很大时，土颗粒悬浮在水中成流态泥土从井底上涌造成的。当出现流动性的涌土或涌砂时，可采取减少护壁高度（护壁的高度为300～500 mm），随挖随浇筑混凝土的方法进行施工。

护壁裂缝产生的主要原因是护壁过厚，其自重大于土体的极限摩擦力，护壁下滑引起裂缝，如过度抽水、塌方使护壁失去支撑土体，护壁也会产生裂缝。因此，护壁不宜太大，应尽量减轻自重，在护壁内适当配置竖向钢筋。裂缝一般可不处理，但要加强施工监视和观察，以便发现问题及时处理。

淹井发生的原因是井孔内遇较大泉眼或遇渗透系数较大的砂砾层，附近的地下水在井孔中集中。处理方法是在群桩中设置深井，并用水泵抽水以降低地下水水位。当施工完成后，该深井用砂砾封堵。

截面变形是挖孔时桩的中心线与半径未及时量测，护壁支护未严格控制尺寸而造成。所以在挖孔时，每节支护都要量测桩的中心线和半径，遇松软土层要加强支护，严格控制支护尺寸。

3. 人工挖孔灌注桩的特殊安全措施

人工挖孔灌注桩应采取以下特殊安全措施：①桩孔内必须设置应急软爬梯供人员上、下井，不得使用麻绳和尼龙绳吊挂或脚踏井壁凸缘上、下。②每日开工前必须检测井下是否含有有毒有害气体，并应有足够的安全防护措施；桩孔开挖深度超过10 m时，应有专门向井下送风的设备，风量不宜少于25 L/s。③孔口四周必须设置不小于0.8 m高的护栏。④挖出的土石方应及时运离孔口，不得堆放在孔口四周1 m范围内，机动车辆的通行不得对井壁的安全造成影响。⑤孔内使用的电缆、电线必须有防磨损、防潮、防断等措施，照明应采用安全矿灯或12 V以下的安全灯，并遵守各项安全用电的规范和规章制度。

第三节　其他岩土工程施工方法

除人工地基施工方法和桩基础施工方法之外，还有一些应用较广、技术性较高、经济效益和社会效益潜力较大的其他岩土工程项目的施工方法，如地下连续墙、大口径基岩钻进、顶管工程、水上工程、锚固工程等施工方法。

一、地下连续墙施工

地下连续墙施工是在地下挖掘深槽，以槽底和槽壁为模在深槽中浇筑混凝土或安放钢筋笼后浇筑混凝土而成为地下墙。地下连续墙施工包括修建导墙、挖槽、清底和安放钢筋笼浇灌混凝土四个步骤。修建导墙是沿拟建的连续墙两侧边界线，先修建两条临时性的较薄而浅的挡墙，作为开挖深槽的导向构筑物和维护深槽壁上部稳定的护壁设施。导墙施工一般可以先用人力挖掘浅槽，然后在浅槽中浇灌混凝土或安放钢筋笼浇灌混凝土，导墙也可用本板制作。导墙建好后，将设计的整体连续墙分为若干单元，分段挖掘深槽和浇筑地下墙体，这样分段施工有利于深槽槽壁的稳定。深槽可用挖斗式挖槽机挖掘，也可用回转式多头钻机或潜水式多头钻机挖槽，还可用回转钻机、冲击钻机或冲抓钻机沿槽的延伸方向施工密集排列的排孔组合成槽，挖槽的过程中应向槽内输送循环泥浆。利用泥浆的侧向压力维护槽壁的稳定，一个单元的深槽挖掘达到预定的长度、宽度和深度后，在该单元槽段的两端安置接头装置，接头装置有圆形接头管、齿形接头板以及其他形状的多种型式接头。随后清除槽底淤积的沉渣，槽底沉渣可用挖掘机械直接掏取，也可用泥浆置换的方法，吸泥泵抽取槽低沉渣，同时向槽内补充低黏度泥浆，这是置换泥浆的一种常用方法。槽底沉渣清除后，在槽中安放钢筋笼，用导管进行水下混凝土浇灌，之后起拔单元墙段两端的接头装置，完成一个单元的地下连续墙施工。一个单元的墙段筑好后，与该单元相接的其他单元的墙段即可开始施工。地下连续墙的施工中，要经常检查槽孔的垂直度、深度和位置偏差，发现不符合规定的情况要及时采取措施纠正；浇灌混凝土之前要将槽底沉渣清除，残留沉渣厚度不能超过规定标准；要严格按水下混凝土浇灌的有关规定施工，确保混凝土的浇筑质量，各单元之间连接质量的好坏，是影响连续墙的整体性和防渗性能的重要因素之一，要特别注意选择合适的接头方式，做好接头处的混凝土浇灌。

二、大口径基岩钻进施工

在基岩中开凿直径超过2 m，深度超过50 m的钻孔，把它作为采矿竖井、大型水井、废水废气处理井或具有某些特殊功用的工程井和科研试验井等。这种大型钻孔的施工是一项先进的工程技术。大口径基岩钻进施工包括构筑锁口、基岩钻进、洗井、安放预制井筒，以及固定预制井筒五个步骤。构筑锁口是在预定孔位上挖掘一个和钻孔同心的，直径略大于钻孔的圆形浅井，井壁以钢筋混凝土衬砌。作为钻孔的孔口构筑物,锁口浅井可用人力或机械挖掘。锁口建成后,钻机就位施钻,在基岩进行大口径钻进,一般采用大功率的转盘钻机或专门的竖井钻机,进行反循环回转不取芯钻进,用泥浆保护孔壁。常用的钻头有刮刀钻头、牙轮钻头、滚刀钻头等。冲洗液(泥浆)的循环方式多为泵吸反循环或气举反循环,当钻孔达到预定深度后,清除孔底沉渣。洗孔之后将底端封闭的预制钢筋混凝土井筒逐段连接放入钻孔内,作为钻孔的永久性支护构件,在孔内安放预制井筒时须使孔内充满泥浆,借助泥浆的浮力减轻预制井筒的重力,预制井筒安放好后,在钻孔壁与预制井筒外壁之间灌注混凝土砂浆,将预制井筒固定。大口径基岩钻进中,要经常检测钻孔的垂直度、孔径,防止钻孔过分偏斜、孔径扩大、缩小等质量问题。

三、顶管施工

在第四系土层中修建水平通道时,用顶管施工方法比用挖掘坑道的施工方法效率较高,施工场地的安全条件较好,施工中对地面已有建(构)筑物和其他设施的不利影响少。因此顶管法已越来越多地被运用在隧道、涵洞和各种管道工程的施工建设中,我国有名的上海黄浦江过江隧道,就是采用顶管法施工的。顶管施工包括以下几个步骤:①建造工作井。工作井是进行顶管操作和把顶管时掘出的土提升出地面的工作场地,也是顶管的起始点。工作井的建造方式是在顶管起点处挖一个长方形竖井,竖井深度低于顶管的顶进口,竖井的断面规格根据施工的实际需要确定,竖井的四壁和底面用钢筋混凝土衬砌,在竖井的前壁预留顶管的顶进口,在后壁构筑顶管后座。②建造接收井。在顶管将要到达的终点处挖掘长方形竖井,用钢筋混凝土衬砌井壁和井底,在连接顶管的井壁上预留顶管入口。③安装顶管装置。在工作井中,将顶管的工作管的前端插入顶进口,工作管的末端垫以刚性顶铁,在刚性顶铁与顶管后座之间安装油压千斤顶,工作管方向对准预定的顶进方向。工作管安装在顶管的前头,在工作管中可以进行破土和纠正顶进方向的操作。④千斤顶施力顶进。使工作管穿过工作井的前墙向前顶进。⑤清除进入工作管的土。除土方法有人力挖掘、高压水枪破土和机械挖掘等,挖出的土通过工作井提出地面,射流破土形成的泥砂可用泥砂泵从工作井中抽出地面。⑥工作管的末端连接下一根顶管前端,顶管末端安装千斤顶继续顶进,再次清除进入工作管中的土。如此反复接管、顶进、除土,直到工作管前端进入接收井的入口,形成从工作井到接收井之间的通道。顶管距离长,工作井中的千斤顶的顶力不能顶进全部管子时,可在全程中间部位的两根管子接头处加接中继环。中继环是一种接(加)力千斤顶,使用中继环可以向前面的顶管施加顶进力。顶管行进过程中,还可以在工作管和顶管外壁同土层的接触带压灌泥浆,以减小顶管行进的阻力。顶管施工中要经常检测顶管轴线的方向,发现轴线方向偏离设计轴线时应及时纠偏。工作管破土时如发现迎头面有坍塌、涌水等不良情况时,应及时采取处理措施(如气压止塌阻水等)。

四、水上施工

随着我国工程建设的不断发展,在水上进行岩土施工的项目也日益增多。如桥墩基础施工、水下桩基础施工、浅海软土地基加固、海底暗礁的清除、浅水域岩土工程勘察等。水域施工有其特殊要求和规律,如施工水域的气象水文和水底地理地形条件、钻场设施、锚泊定位、施工方法、原始记录等都与陆地施工不同。施工前,首先要掌握施工水域的气象和水文资料,其中包括风、气温、降雨量、水位变化、冰冻、凌汛、潮汐、漂浮物等基本情况。其次是钻场设施,钻井船舶有不同类型、规格的木质或钢质单体船和双体船,以及升降式钻井平台、固定式钻井平台等,可根据施工需要选用。施工的大体步骤是:钻船锚泊定位;装配升降补偿器具;下入孔口管;建立泥浆循环系统;钻进施工;进行设计要求的特定工作,如混凝土灌注、爆破或者随钻进施工进行工程勘察等。水上施工特别要注意做好安全工作、原始记录以及水下爆破等的特殊工程施工。

五、锚固施工

锚固施工是先在岩体或土体中钻锚孔,然后将能承受较大拉力的钢筋(锚杆)或钢丝束、钢绞线(锚索)安放在锚孔中,把锚杆(索)的一端固定在锚孔底部的岩土中,另一端固定在地面的构件上,形成能承受拉力的锚固结构。锚固技术被广泛地用来加固边坡、洞室和一些承受上拔力的基础。锚固结构既可以安装在岩体中,用以加固岩体,也可以安装在土体中加固土体,前者称为岩体锚固,后者称为土体锚固。锚杆(索)固定在岩土中的方式有黏结式和机械式两种。黏结式固定是用混凝土砂浆或其他黏结剂将锚杆固定在岩土中;机械式固定是在锚杆(索)的一端安装锚定机械装置,将其放入锚孔中后,靠机械装置作用将锚杆(索)锚固在锚孔中不再被拔出。中国有色金属工业总公司西北有色勘测工程有限责任公司研制了一种新型的机械锚定装置,在工程实践中证明使用方便,锚固效果很好。在锚杆(索)同地面构件相联结时,有些预先向锚杆(索)施加一定的拉拔力再固定,有些则不施加拉拔力即固定,前者为预应力锚固,后者称为非预应力锚固。为了防止永久性的锚杆(索)被腐蚀,有些在全锚孔中灌注混凝土砂浆作为保护层，有些则采用其他保护方法，如用防腐防水的材料包裹锚杆（索）等。锚杆（索）的长短根据要加固的岩体或土体的深度确定，加固深度大的常使用长锚索，加固深度小的则常用短锚杆、锚固的施工方法，也因锚固形式不同而有所不同。土体锚固，一般采用黏结式固定锚杆。土体中黏结式预应力锚固的施工步骤是用螺旋钻进形成锚孔，将锚杆插入锚孔，用压浆泵向锚孔底部压灌砂浆使其充满黏结锚固段，待黏结砂浆完全凝固后在地面用空心千斤顶对锚杆施加预应力，用螺栓将锚杆固定在地面构件上，向锚孔内第二次灌注砂浆保护锚杆。黏结式非预应力锚固施工只需将锚杆插入锚孔后一次全孔灌注砂浆，锁定地面构件即可。岩体锚固预应力长锚索多使用机械式锚固。其施工步骤是先钻出锚孔，向锚孔中插入锚杆（索），通过机械式锚定装置锚定后，用空心千斤顶拉拔锚杆（索）施加预应力再将锚杆（索）固定在地面构件上，向锚孔中灌注混凝土砂浆（如锚杆锚索已有其他防腐蚀处理，则不再向锚孔中灌注砂浆）。

第四章　各类工程场地岩土工程勘察与施工

岩土工程一直服务于各部门各地区的工程建设，并提供指导建议，涉及的工程种类繁多。由于各类工程的特点和技术标准有显著的差异，所以对岩土工程勘察的技术要求和复杂程度有很大的不同，再加上各类工程的岩土工程勘察的技术成熟程度不等，勘察时一方面要按照工程的类型和各自的特点与要求，采用不同的技术以及方案布置相应的勘察工作量，另一方面也要考虑到岩土工程勘察对象的共性和技术方法与基础理论的通用性。对岩土工程师来说，最重要的一点是不能照搬套用规范规程，而是要结合个人丰富的技术知识与实践经验，针对工程特点编制勘察纲要，提出创造性的评价、论证方案与建议。

第一节　房屋建筑与构筑物

一、房屋建筑与构筑物工程勘察

（一）主要勘察内容

房屋建筑和构筑物[以下简称建（构）筑物]的岩土工程勘察，应有明确的针对性，因此应在收集建（构）筑物上部荷载、功能特点、结构类型、基础形式、埋置深度、变形限制等方面资料的基础上进行，以便提出岩土工程设计参数和地基基础设计方案。不同勘察阶段对建筑结构的了解深度是不同的。建（构）筑物的岩土工程勘察主要施工内容应符合下列规定：①查明场地和地基的稳定性、地层结构、持力层和下卧层的工程特性、土的应力历史、地下水条件、不良地质作用等；②提供满足设计、施工所需的岩土参数，确定地基承载力，预测地基变形性状；③提出地基基础、基坑支护、工程降水和地基处理设计与施工方案的建议；④提出对建（构）筑物有影响的不良地质作用的防治方案建议；⑤对于抗震设防烈度等于或大于6度的场地，进行场地与地基的地震效应评价。

(二)勘察阶段划分

根据我国工程建设的实际情况和勘察工作的经验,勘察工作宜分阶段进行。勘察是一种探索性很强的工作,是一个从不知到知,从知之不多到知之较多的过程,对自然的认识总是由粗到细、由浅而深,不可能一步到位。况且,各设计阶段对勘察成果也有不同的要求,因此,必须坚持分阶段勘察的原则,勘察阶段的划分应与设计阶段相适应。可行性研究勘察应符合选择场址方案的要求,初步勘察应符合初步设计的要求,详细勘察应符合施工图设计的要求,场地条件复杂或有特殊要求的工程,宜进行施工勘察。

但是也应注意到,各行业设计阶段的划分不完全一致,工程的规模和要求各不相同,场地和地基的复杂程度差别很大,要求每个工程都分阶段勘察是不实际也是不必要的。勘察单位应根据任务要求进行相应阶段的勘察工作。

场地较小且无特殊要求的工程可合并勘察阶段。在城市和工业区,一般已经积累了大量工程勘察资料。当建(构)筑物平面布置已经确定且场地或其附近已有岩土工程资料时,可根据实际情况,直接进行详细勘察。但对于高层建筑的地基基础、基坑的开挖与支护、工程降水等问题,有时相当复杂,如果把这些问题都留到详勘时解决,往往因时间仓促而解决不好,故要求对在短时间内不易查明并要求做出明确评价的复杂岩土工程问题,仍宜分阶段进行。

岩土工程要服务于工程建设的全过程,应当根据任务要求,承担后期的服务工作,协助解决施工和使用过程中遇到的岩土工程问题。

(三)各勘察阶段的基本要求

1. 选址或可行性研究勘察

把可行性研究勘察(选址勘察)列为一个勘察阶段,其目的是要强调在可行性研究时勘察工作的重要性,特别是对于一些大的工程更为重要。

在本阶段,要求通过收集、分析已有资料,进行现场踏勘,必要时,进行工程地质测绘和少量勘探工作,应对拟建场地的稳定性和适宜性做出岩土工程评价,进行技术经济论证和方案比较应符合选择场址方案的要求。

(1)主要工作内容

收集区域地质、地形地貌、地震、矿产、当地的工程地质、岩土工程、建筑经验等资料。在充分收集和分析已有资料的基础上,通过踏勘了解场地的地层、构造、岩性、不良地质作用和地下水等工程地质条件。

当拟建场地工程地质条件复杂,已有资料不能满足时,应根据具体情况进行工程地质测绘和必要的勘探工作。

应沿主要地貌单元垂直的方向线上布置不少于2条的地质剖面线。在剖面线上钻孔间距为400～600 m。钻孔一般应穿过软土层进入坚硬稳定地层或至基岩。钻孔内对主要地层宜选取适当数量的试样进行土工试验。在地下水位以下遇粉土或砂层时应进行标准贯入试验。

当有两个或两个以上拟选场地时,应进行比选分析。

(2)主要任务

第一,分析场地的稳定性。明确选择场地范围和应避开的地段,确定建筑场地时,在工程地质条件方面,宜避开下列地区或地段:①不良地质现象发育或环境工程地质条件差,对场地稳定性有直接危害或潜在威胁的地区或地段;②地基土性质严重不良的,对建(构)筑物抗震属危险的地区或地段;③洪水、海潮或水流岸边冲蚀有严重威胁或地下水对建筑场地有严重不良影响的地区或地段;④地下有未开采的有价值矿藏或对场地稳定有严重影响的未稳定的地下采空区地区或地段。

第二,进行选址方案对比,确定最佳场地方案。选择场地一般要有两个以上的场地方案进行比较,主要是从岩土工程条件,对影响场地稳定性和建设适宜性的重大岩土工程问题做出明确的结论和论证,从中选择有利的方案,确定最佳场地方案。

2. 初步勘察

初步勘察是在可行性研究勘察的基础上,对地段内拟建建筑场地的稳定性和适宜性做出进一步的岩土工程评价,为确定建筑总平面布置、主要建(构)筑物地基基础方案、基坑工程方案及对不良地质现象的防治工程方案进行论证,为初步设计或扩大初步设计提供资料,并对下一阶段的详勘工作重点提出建议。

(1)主要工作内容

进行勘察工作前,应详细了解、研究建设设计要求,收集拟建工程的有关文件、工程地质和岩土工程资料、工程场地范围的地形图、建筑红线范围及坐标,以及与工程有关的其他条件(建筑的布置、层数、高度、地下室层数、设计方的要求等);充分研究已有勘察资料,查明场地所在的地貌单元。

第一,初步查明地质构造、地层结构、岩土工程特性。

查明场地不良地质作用的成因、分布、规模、发展趋势,判明影响场地和地基稳定性的不良地质作用和特殊性岩土的有关问题,并对场地稳定性做出评价,包括断裂、地裂缝及其活动性，岩溶、土洞及其发育程度，崩塌、滑坡、泥石流、高边坡或岸边的稳定性，调查了解古河道、暗浜、暗塘、洞穴或其他人工地下设施。

对抗震设防烈度大于或等于6度的场地，应对场地和地基的地震效应做出初步评价。应初步评价建筑场地类别，场地属抗震有利、不利或危险地段，液化、震陷的可能性，设计需要时应提供抗震设计动力参数。

第二，初步判明特殊性岩土对场地、地基稳定性的影响，季节性冻土地区应调查场地的标准冻结深度。

第三，初步查明地下水埋藏条件，初步判定水和土对建筑材料的腐蚀性。

第四，高层建筑初步勘察时，应对可能采取的地基基础类型、基坑开挖与支护、工程降水方案进行初步分析评价。

(2)初步勘察工作量布置原则

勘探线应垂直地貌单元、地质构造和地层界线布置。

每个地貌单元均应布置勘探点，在地貌单元交接部位和地层变化较大的地段，勘探点应予以加密。在地形平坦地区，可按网格布置勘探点。

岩质地基与岩体特征、地质构造、风化规律有关，且沉积岩与岩浆岩、变质岩，地槽区与地台区情况有很大差别，因此勘探线和勘探点的布置、勘探孔深度，应根据地质构造、岩体特性、风化情况等，按有关行业、地方标准或当地经验确定。

对土质地基，勘探线、勘探点间距、勘探孔深度、取土试样和原位测试工作以及水文地质工作应符合下列要求，并应布设判明场地、地基稳定性、不良地质作用和桩基持力层所必需的勘探点和勘探深度。

第一，初步勘察勘探线、勘探点间距要求。

勘探孔的疏密主要取决于地基的复杂程度，初步勘察勘探线、勘探点间距确定，局部异常地段应予加密。

第二，初步勘察勘探孔深度要求。

初步勘探孔的深度主要决定于建(构)筑物的基础埋深、基础宽度、荷载大小等因素，而实际上初勘时又缺乏这些数据，故可按工程重要性等级分档。

当遇下列情况之一时，应根据地质条件和工程要求适当增减勘探孔深度：①当勘探孔的地面标高与预计整平地面标高相差较大时，应按其差值调整勘探孔深度；②在预定深度内遇基岩时，除控制性勘探孔仍应钻入基岩适当深度外，其他勘探孔达到确认的基岩后即可终止钻进；③当预定深度内有厚度较大(超过3 m)且分布均匀的坚实土层(如碎石土、密实砂、老沉积土等)时,除控制性勘探孔应达到规定深度外,一般勘探孔深度可适当减小;④当预定深度内有软弱土层时,勘探孔深度应适当增加,部分控制性勘探孔应穿透软弱土层或达到预计控制深度;⑤对重型工业建筑应根据结构特点和荷载条件适当增加勘探孔深度。

以上增减勘探孔深度的规定不仅适用于初勘阶段,也适用于详勘及其他勘察阶段。

第三,初步勘察取土试样和原位测试工作要求。

取土试样和进行原位测试的勘探点应结合地貌单元,地层结构和土的工程性质布置,其数量可占勘探孔总数的1/4~1/2。

取土试样的数量和孔内原位测试的竖向间距,应按地层特点和土的均匀程度确定。每层土均应进行取土试样或进行原位测试,其数量不宜少于6个。

第四,初步勘察水文地质工作要求。

地下水是岩土工程分析评价的主要因素之一,弄清楚地下水情况是勘察工作的重要任务。在勘察过程中,应通过资料收集等工作,掌握工程场地所在城市或地区的宏观水文地质条件,包括:①决定地下水空间赋存状态、类型的宏观地质背景;调查主要含水层和隔水层的分布规律,含水层的埋藏条件,地下水类型、补给和排泄条件,各层地下水位,调查其变化幅度(包括历史最高水位,近3~5年最高水位,水位的变化趋势和影响因素),工程需要时还应设置长期观测孔,设置孔隙水压力装置,量测水头随平面、深度和时间的变化。②宏观区域和场地内的主要渗流类型。当需绘制地下水等水位线图时,应根据地下水的埋藏条件和层位,统一量测地下水位。③当地下水有可能浸湿基础时,应采取水试样进行腐蚀性评价。

3. 详细勘察

到了详勘阶段,建筑总平面布置已经确定,单体工程的主要任务是地基基础设计。因此,详细勘察应按单体建筑或建筑群提出详细的岩土工程资料和设计、施工所需的岩土参数;对建筑地基做出岩土工程评价,并对地基类型、基础形式、地基处理、基坑支护、工程降水和不良地质作用的防治等提出建议,符合施工图设计的要求。

(1)详细勘察的主要工作内容和任务

收集附有建筑红线、建筑坐标、地形、±0.00 m高程的建筑总平面图,场区的地面整平标高,建(构)筑物的性质、规模、结构类型、特点、层数、总高度、荷载及荷载效应组合、地下室层数,预计的地基基础类型、平面尺寸、埋置深度、地基允许变形要求,勘察场地地震背景、周边环境条件、地下管线、其他地下设施情况、设计方案的技术要求等资料,目的是使勘察工作的布置和岩土工程的评价具有明确的工程针对性,解决工程设计和施工中的实际问题。所以,收集有关工程结构资料、了解设计要求是十分重要的工作。

查明不良地质作用的类型、成因、分布范围、发展趋势和危害程度,提出整治方案和建议。

查明建(构)筑物范围内岩土层的类别、深度、分布、工程特性,尤其应查明基础下软弱和坚硬地层分布,以及各岩土层的物理力学性能,分析和评价地基的稳定性、均匀性和承载力;对于岩质的地基和基坑工程,应查明岩石坚硬程度、岩体完整程度、基本质量等级和风化程度;论证采用天然地基基础形式的可行性,对持力层选择、基础埋深等提出建议。

对需进行沉降计算的建(构)筑物,提供地基变形计算参数,预测建(构)筑物的变形特征。

地基的承载力和稳定性是保证工程安全的前提,但工程经验表明,绝大多数与岩土工程有关的事故是变形问题,包括总沉降、差异沉降、倾斜和局部倾斜;变形控制是地基设计的主要原则,故应分析评价地基的均匀性,提供岩土变形参数,预测建(构)筑物的变形特性;勘察单位应根据设计单位要求和业主委托,承担变形分析任务,向岩土工程设计延伸,是其发展的方向。

查明埋藏的古河道、沟浜、墓穴、防空洞、孤石等对工程不利的埋藏物。

查明地下水类型、埋藏条件、补给及排泄条件、腐蚀性、初见及稳定水位;提供季节变化幅度和各主要地层的渗透系数;判定水和土对建筑材料的腐蚀性。

地下水的埋藏条件是地基基础设计和基坑设计施工十分重要的依据,详勘时应予以查明。地下水位有季节变化和多年变化,故应提供地下水位及其变化幅度。

在季节性冻土地区,提供场地土的标准冻结深度。

对抗震设防烈度等于或大于6度的地区,应划分场地类别,划分对抗震有利、不利或危险地段;对抗震设防烈度等于或大于7度的场地,应评价场地和地基的地震效应。

当建(构)筑物采用桩基础时,应按桩基工程的有关要求进行。当需进行基坑开挖、支护和降水设计时,应按基坑工程的有关规定进行。

工程需要时，详细勘察应论证地基土和地下水在建筑施工和使用期间可能产生的变化及其对工程和环境的影响，提出防治方案、防水设计水位和抗浮设计水位的建议，提供基坑开挖工程应采取的地下水控制措施，当采用降水控制措施时，应分析评价降水对周围环境的影响。

近年来，在城市中大量兴建地下停车场、地下商店等，这些工程的主要特点是“超补偿式基础”，开挖较深，挖土卸载量较大，而结构荷载很小。在地下水位较高的地区，防水和抗浮成了重要问题。高层建筑一般带多层地下室，需进行防水设计，在施工过程中有时也有抗浮问题。在这样的条件下，提供防水设计水位和抗浮设计水位成了关键。这是一个较为复杂的问题，有时需要进行专门论证。

(2)详细勘察工作的布置原则

详细勘察勘探点布置和勘探孔深度，应根据建(构)筑物特性和岩土工程条件确定。对岩质地基，与初勘的指导原则一致，应根据地质构造、岩体特性、风化情况等，结合建(构)筑物对地基的要求，按有关行业、地方标准或当地经验确定；对土质地基、勘探点布置、勘探点间距、勘探孔深度、取土试样和原位测试工作应符合下列要求。

第一，详细勘察的勘探点布置原则。

勘探点宜按建(构)筑物的周边线和角点布置，对无特殊要求的其他建(构)筑物可按建(构)筑物或建筑群的范围布置。

同一建筑范围内的主要受力层或有影响的下卧层起伏较大时，应加密勘探点，查明其变化。

建筑地基基础设计的原则是变形控制，将总沉降、差异沉降、局部倾斜、整体倾斜控制在允许的限度内。影响变形控制最重要的因素是地层在水平方向上的不均匀性，故地层起伏较大时应补充勘探点，尤其是古河道、埋藏的沟浜、基岩面的局部变化等。

重大设备基础应单独布置勘探点；对重大的动力机器基础和高耸构筑物，勘探点不宜少于3个。

宜采用钻探与触探相结合的原则，在复杂地质条件、湿陷性土、膨胀土、风化岩和残积土地区，宜布置适量探井。

勘探方法应精心选择，不应单纯采用钻探。触探可以获取连续的定量数据，也是一种原位测试手段；井探可以直接观察岩土结构，避免单纯依据岩芯判断。因此，勘探手段包括钻探、井探、静力触探、动力触探等，应根据具体情况选择。

为了发挥钻探和触探各自的优点，宜配合应用。以触探方法为主时，应有一定数量的钻探配合。对复杂地质条件和某些特殊性岩土，布置一定数量的探井是很必要的。

高层建筑的荷载大、重心高，基础和上部结构的刚度大，对局部的差异沉降有较好的适应能力，而整体倾斜是主要的控制因素，尤其是横向倾斜。为此，详细勘察的单栋高层建筑勘探点的布置，应满足高层建筑纵横方向对地层结构和地基均匀性的评价要求，需要时还应满足建筑场地整体稳定性分析的要求，满足高层建筑主楼与裙楼差异沉降分析的要求，查明持力层和下卧层的起伏情况。应根据高层建筑平面形状、荷载的分布情况布设勘探点。高层建筑平面为矩形时应按双排布设；为不规则形状时，应在凸出部位的角点和凹进的阴角布设勘探点；在高层建筑层数、荷载和建筑体形变异较大处，应布设勘探点；对勘察等级为甲级的高层建筑应在中心点或电梯井、核心筒部位布设勘探点。单幢高层建筑的勘探点数量，对勘察等级为甲级的不应少于5个，乙级不应少于4个。控制性勘探点的数量不应少于勘探点总数的1/3且不少于2个。对密集的高层建筑群，勘探点可适当减少，可按建（构）筑物并结合方格网布设勘探点。相邻的高层建筑，勘探点可互相共用，但每栋建（构）筑物至少应有1个控制性勘探点。

第二，详细勘察勘探点间距确定原则。

在暗沟、塘、浜、湖泊沉积地带和冲沟地区，在岩性差异显著或基岩面起伏很大的基岩地区，在断裂破碎带、地裂缝等不良地质作用场地，勘探点间距宜取小值并可适当加密。

在浅层岩溶发育地区，宜采用物探与钻探相配合进行，采用浅层地震勘探和孔间地震CT（电子计算机断层扫描）或孔间电磁波CT（电子计算机断层扫描）测试，查明溶洞和土洞发育程度、范围和连通性。钻孔间距宜取小值或适当加密，溶洞、土洞密集时宜在每个柱基下布设勘探点。

第三，详细勘察勘探孔深度的确定原则。

详细勘察的勘探深度自基础底面算起，应符合下列规定：①勘探孔深度应能控制地基主要受力层，当基础底面宽度不大于5 m时，勘探孔的深度对条形基础不应小于基础底面宽度的3倍，对单独柱基不应小于1.5倍，且均不应小于5 m。②控制性勘探孔是为变形计算服务的，对高层建筑和需变形计算的地基，控制性勘探孔的深度应超过地基变形计算深度；高层建筑的一般性勘探孔应达到基底下0.5～1.0倍的基础宽度，并深入稳定分布的地层。

由于高层建筑的基础埋深和宽度都很大，钻孔比较深，钻孔深度适当与否将极大地影响勘察质量、费用和周期。对天然地基，控制性钻孔的深度应满足以下几个方面的要求：①等于或略深于地基变形计算的深度，满足变形计算的要求；②满足地基承载力和弱下卧层验算的需要；③满足支护体系和工程降水设计的要求；④满足对某些不良地质作用追索的要求。现行的勘察规范采用应力比法。地基变形计算深度，对于中、低压缩性土可取附加压力等于上覆土层有效自重压力20%的深度；对于高压缩性土层可取附加压力等于上覆土层有效自重压力10%的深度。

对仅有地下室的建筑或高层建筑的裙房，当不能满足抗浮设计要求，需设置抗浮桩或锚杆时，勘探孔深度应满足抗拔承载力评价的要求。建筑总平面内的裙房或仅有地下室部分（或当地基附加压力≤0时）的控制性勘探孔的深度可适当减小，但应深入稳定分布地层，且根据荷载和土质条件，不宜小于基底下0.5～1.0倍基础宽度；当有大面积地面堆载或软弱下卧层时，应适当加深控制性勘探孔的深度。

在上述规定深度内，当遇基岩或厚层碎石土等稳定地层时，勘探孔深度可适当调整：①一般性勘探孔，在预定深度范围内，有比较稳定且厚度超过3 m的坚硬地层时，可钻入该层适当深度，以能正确定名和判明其性质。如在预定深度内遇软弱地层时应加深或钻穿。②在基岩和浅层岩溶发育地区，当基础底面下的土层厚度小于地基变形计算深度时，一般性钻孔应钻至完整、较完整基岩面；控制性钻孔应深入完整、较完整基岩3～5 m，勘察等级为甲级的高层建筑取大值，乙级取小值；专门查明溶洞或土洞的钻孔深度应深入洞底完整地层3～5 m。③评价土的湿陷性、膨胀性，砂土地震液化，查明地下水渗透性等钻孔深度，应按有关规范的要求确定；在花岗岩残积土地区，应查清残积土和全风化岩的分布深度。

在断裂破碎带、冲沟地段、地裂缝等不良地质作用发育场地及位于斜坡上或坡脚下的高层建筑，当需进行整体稳定性验算时，控制性勘探孔的深度应根据具体条件满足评价和验算的要求；对于基础侧旁开挖，需验算稳定时，控制性钻孔达到基底下2倍基宽时可以满足要求；对于建筑在坡顶和坡上的建（构）筑物，应结合边坡的具体条件，根据可能的破坏模式确定孔深。

当需确定场地抗震类别而邻近无可靠的覆盖层厚度资料时，应布置至少一个钻孔波速测试孔，其深度应满足划分建筑场地类别对覆盖层厚度的要求。

大型设备基础勘探孔深度不宜小于基础底面宽度的2倍。

当需进行地基处理时，勘探孔深度应满足地基处理的有关设计与施工要求；当采用桩基时，勘探孔深度应满足桩基工程的有关要求。

第四，详细勘察取土试样和原位测试工作要求如下。

采取土试样和进行原位测试的勘探点数量，应根据地层结构、地基土的均匀性和工程特点确定，且不应少于勘探点总数的1/2，钻探取土孔的数量不应少于勘探孔总数的1/3。对地基基础设计等级为甲级的建（构）筑物，每栋不应少于3个；勘察等级为甲级的单幢高层建筑不宜少于全部勘探点总数的2/3，且不应少于4个。

原位测试是指静力触探、动力触探、旁压试验、扁铲侧胀试验、标准贯入试验等。考虑到软土地区取样困难，原位测试能较准确地反映土性指标，因此可将原位测试点作为取土测试勘探点。

每个场地每一主要土层的原状土试样或原位测试数据不应少于6件（组）。

由于土性指标的变异性，单个指标不能代表土的工程特性，必须通过统计分析确定其代表值，故规定了原状土试样和原位测试的最少数量，以满足统计分析的需要。当场地较小时，可利用场地邻近的已有资料。对"较小"的理解可考虑为单幢多层的建筑场地；"邻近"场地资料可认为紧靠的同一地质单元的资料，若必须有量的概念，以距场地不大于50 m的资料为好。

为保证不扰动土试样和原位测试指标有一定数量，规范规定基础底面下1.0倍基础宽度内采样及试验点间距为1～2 m，根据土层变化情况适当加大距离，且在同一钻孔中或同一勘探点采取土试样和原位测试宜结合进行。

静力触探和动力触探是连续贯入，不能用次数来统计，应在单个勘探点内按层统计，再在场地（或工程地质分区）内按勘探点统计，每个场地不应少于3个孔。

在地基主要受力层内，对厚度大于0.5 m的夹层或透镜体，应采取土试样或进行原位测试。规范没有规定具体数量的要求，可根据工程的具体情况和地区的规定确定。

当土层性质不均匀时，应增加取土数量或原位测试工作量。

地基荷载试验是确定地基承载力比较可靠的方法，对勘察等级为甲级的高层建筑或工程经验缺乏或研究程度较低的地区，宜布设荷载试验，以确定天然地基持力层承载力特征值和变形参数。

4. 施工勘察

施工勘察不作为一个固定阶段，应视工程的实际需要而定。工程地质条件复杂或有特殊施工要求的重大工程地基,需进行施工勘察。施工勘察包括施工阶段的勘察和竣工后一些必要的勘察工作(如检验地基加固效果等),因此,施工勘察并不是专指施工阶段的勘察。

当遇下列情况时,应配合设计、施工单位进行施工勘察:①基坑或基槽开挖后,岩土条件与勘察资料不符或发现必须查明的异常情况时,应进行施工勘察;②在地基处理及深基开挖施工中,宜进行检验和监测工作;③地基中溶洞或土洞较发育,应查明并提出处理建议;④施工中出现边坡失稳危险时应查明原因,进行监测并提出处理建议。

二、房屋建筑工程混凝土施工

(一)钢筋搭接技术

在房屋建筑工程施工中,建立框架结构时常常用到钢筋搭建技术,为了进一步保证房屋建筑工程的整体质量,必须确保钢筋搭接安全。钢筋搭接施工过程的重点有两个:①严格按照设计图纸的标准规范要求进行施工,搭接钢筋时应当选取最合适的搭接方法,从而保证钢筋的稳定性以及安全性,进一步提升房屋建筑工程的整体质量;②在进行钢筋搭接时,经常会应用焊接技术,因此还应当有效提升焊接工艺技术水平,从而有效预防接口处出现裂缝。

(二)浇筑混凝土施工技术

在房屋建筑工程施工中应用混凝土浇筑技术时,必须严格按照有关施工标准要求进行。混凝土浇筑技术作为整体施工的关键部分,如果在施工过程中出现一些质量问题,会造成工程项目的整体质量下降。如果出现了气泡,会对工程安全造成一定的影响。在搅拌混凝土环节中应用方施工操作技术能够有效排除可能产生的气泡与异物,进而提升房屋建筑工程的总体质量。在现场施工环节中,想要有效确保混凝土材料的整体质量,需要不断提升混凝土的浇筑技术水平,如采取分段分层浇筑的施工方法。

(三)振捣技术

房屋建筑工程施工中,一旦出现混凝土裂缝问题,不仅会对房屋整体的美观性有一定的影响,而且也会对后期的使用过程埋下一定的安全隐患。因此,在施工过程中应当仔细分析混凝土裂缝形成的主要原因与其他配料的配合比例问题,确保在无缝操作的环境中施工。在现场施工过程中,发现存在裂缝现象应当立即进行处理,及时预防施工中出现安全问题。在进行混凝土浇筑的过程中,如果速度过快，就会产生下沉的现象，进而会出现裂缝。在搅拌混凝土时，如果不够均匀，材料由于热胀冷缩，也可能在某一部分出现裂缝现象。另外，在完成整个建筑流程后，室内和外界的温度存在差异也会出现裂缝。因此，在完成浇筑混凝土流程后，还应当按照制度规范对混凝土进行定期维护，有效预防外界环境的影响造成混凝土裂缝问题。

（四）模板施工技术

在施工过程中，采用混凝土施工技术时经常会用到模板施工技术，模板工程作为确保混凝土施工质量的基础环节，对后期房屋建筑的质量有着重要的影响，必须科学使用模板施工技术。在应用模板技术之前，应当提前详细考察施工现场的周围环境，深入了解并掌握工程项目的现状后，再按照建筑施工标准要求进行下一步的施工工序。在进行混凝土浇筑施工中，可以根据实际情况应用更合适的拼接模板进行操作，有效预防变形与漏浆现象。在组装与拆除模板时，有效利用模板施工技术可以为其提供较大的便利。

此外，在建筑施工现场，如果施工技术人员和管理人员不够重视施工质量，则可能会影响建筑工程项目的整体质量，严重时还会造成安全事故。因此，在进行模板拆除时，应当严格按照施工标准的要求进行施工。

第二节　基坑工程

目前，基坑工程的勘察很少单独进行，大多数是与地基勘察一并完成的。但是由于有些勘察人员对基坑工程的特点和要求不够了解，提供的勘察成果不一定能满足基坑支护设计的要求。例如，对采用桩基的建筑地基勘察往往对持力层、下卧层研究较仔细，而忽略浅部土层的划分和取样试验；侧重于针对地基的承载性能提供土质参数，而忽略支护设计所需要的参数；只在划定的轮廓线以内进行勘探工作，而忽略对周边的调查了解等。因深基坑开挖属于施工阶段的工作，一般设计人员提供的勘察任务委托书可能不会涉及这方面的内容。

岩质基坑的勘察要求和土质基坑有较大差别，到目前为止，我国基坑工程的经验主要在土质基坑方面，岩质基坑的经验较少。对岩质基坑，应分析场地的地质构造、岩体特征、风化情况、基坑开挖深度等，根据实际情况按当地标准或当地经验进行勘察。

一、基坑工程勘察

(一)基坑侧壁的安全等级

根据支护结构的极限状态分为承载能力极限状态和正常使用极限状态。承载能力极限状态对应于支护结构达到最大承载能力或土体失稳、过大变形导致支护结构或基坑周边环境破坏,表现为由任何原因引起的基坑侧壁破坏;正常使用极限状态对应于支护结构的变形妨碍地下结构施工或影响基坑周边环境的正常使用功能,主要表现为支护结构的变形而影响地下室侧墙施工及周边环境的正常使用。承载能力极限状态应对支护结构承载能力及基坑土体出现的可能破坏进行计算,正常使用极限状态的计算主要是对结构及土体的变形计算。

基坑侧壁安全等级的划分与重要性系数是对支护设计、施工的重要性认识及计算参数定量选择的依据。

对支护结构安全等级采用原则性划分方法而不采用定量划分方法,是考虑到基坑深度、周边建筑物距离及埋深、结构及基础形式、土的性状等因素对破坏后果的影响程度难以用统一标准界定,不能保证普遍适用,定量化的方法对具体工程可能会出现不合理的情况。

在支护结构设计时,应根据基坑侧壁的不同条件因地制宜地进行安全等级确定。应掌握的原则是:基坑周边存在受影响的重要既有住宅、公共建筑、道路或地下管线时,或因场地的地质条件复杂、缺少同类地质条件下相近基坑深度的经验时,支护结构破坏、基坑失稳或过大变形对人的生命、经济、社会或环境影响很大,安全等级应定为一级。当支护结构破坏、基坑过大变形不会危及人的生命、经济损失轻微、对社会或环境影响不大时,安全等级可定为三级。对其他大多数基坑应该定为二级。

支护结构设计应考虑其结构水平变形、地下水的变化对周边环境的水平与竖向变形的影响,对于安全等级为一级和对周边环境变形有限定要求的二级建筑基坑侧壁,应根据周边环境的重要性,对变形的适应能力及土的性质等因素确定支护结构的水平变形限值。在正常使用极限状态条件下,安全等级为一、二级的基坑变形影响基坑支护结构的正常功能。目前,支护结构的水平限值还不能给出全国都适用的具体数值,各地区可根据具体工程的周边环境等因素确定。对于周边建筑物及管线的竖向变形限值可根据有关规范确定。

(二)基坑支护结构类型

目前,采用的支护措施和边坡处理方式多种多样,见表4-1所列的几大类。

由于各地地质情况不同,勘察人员提供建议时应充分了解工程所在地区工程经验和习惯,对已有的工程进行调查。综合考虑基坑深度、土的性状及地下水条件、基坑周边环境对基坑变形的承受能力及支护结构失效的后果、主体地下结构、基础形式及其施工方法、基坑平面尺寸和形状、支护结构施工工艺的可行性、施工场地条件、施工季节、经济指标、环保性能、施工工期等因素,选用一种或多种组合形式的基坑支护结构。

表4-1　基坑边坡处理方式类型和适用条件

<table>
<tr><th colspan="2" rowspan="2">结构类型</th><th colspan="3">适用条件</th></tr>
<tr><th>安全等级</th><th colspan="2">基坑深度、环境条件、土类和地下水条件</th></tr>
<tr><td rowspan="5">支挡式结构</td><td>锚拉式结构</td><td rowspan="5">一级
二级
三级</td><td>适用于较深的基坑</td><td rowspan="5">①排桩适用于可采用降水或截水帷幕的基坑;②地下连续墙宜同时用作主体地下结构外墙,可同时用于截水;③锚杆不宜用在软土层和高水位的碎石土、砂土层中;④当邻近基坑有建筑物地下室、地下构筑物等,锚杆的有效锚固长度不足时,不应采用锚杆;⑤当锚杆施工会造成基坑周边建(构)筑物的损害或违反城市地下空间规划等规定时,不应采用锚杆</td></tr>
<tr><td>支撑式结构</td><td>适用于较深的基坑</td></tr>
<tr><td>悬臂式结构</td><td>适用于较浅的基坑</td></tr>
<tr><td>双排桩</td><td>当锚拉式、支撑式和悬臂式结构不适用时,可考虑采用双排桩</td></tr>
<tr><td>支护结构与主体结构结合的逆作法</td><td>适用于基坑周边环境条件很复杂的深基坑</td></tr>
<tr><td rowspan="4">土钉墙</td><td>单一土钉墙</td><td rowspan="4">二级
三级</td><td>适用于地下水位以上或经降水的非软土基坑,且基坑深度不宜大于12 m</td><td rowspan="4">当基坑潜在滑动面内有建筑物、重要地下管线时,不宜采用土钉墙</td></tr>
<tr><td>预应力锚杆复合土钉墙</td><td>适用于地下水位以上或经降水的非软土基坑,且基坑深度不宜大于15 m</td></tr>
<tr><td>水泥土桩垂直复合土钉墙</td><td>用于非软土基坑时,基坑深度不宜大于12 m;用于淤泥质土基坑时,基坑深度不宜大于6 m;不宜用在高水位的碎石土、砂土,粉土层中</td></tr>
<tr><td>微型桩垂直复合土钉墙</td><td>适用于地下水位以上或经降水的基坑,用于非软土基坑时,基坑深度不宜大于12 m;用于淤泥质土基坑时,基坑深度不宜大于6 m</td></tr>
</table>

续表

结构类型	适用条件	
	安全等级	基坑深度、环境条件、土类和地下水条件
重力式水泥土墙	二级 三级	适用于淤泥质土、淤泥基坑,且基坑深度不宜大于7 m
放坡	三级	施工场地应满足放坡条件;可与上述支护结构形式结合

(三)勘察要求

1. 主要工作内容

基坑工程勘察主要是为深基坑支护结构设计和基坑安全稳定开挖施工提供地质依据。因此,需进行基坑设计的工程,应与地基勘察同步进行基坑工程勘察。但基坑支护设计和施工对岩土工程勘察的要求有别于主体建筑的要求,勘察的重点部位是基坑外对支护结构和周边环境有影响的范围,而主体建筑的勘察孔通常只需布置在基坑范围以内。

初步勘察阶段应根据岩土工程条件,收集工程地质和水文地质资料,并进行工程地质调查,必要时可进行少量的补充勘察和室内试验,初步查明场地环境情况和工程地质条件,预测基坑工程中可能产生的主要岩土工程问题;详细勘察阶段应针对基坑工程设计的要求进行勘察,在详细查明场地工程地质条件的基础上,判断基坑的整体稳定性,预测可能的破坏模式,为基坑工程的设计、施工提供基础资料,对基坑工程等级、支护方案提出建议;在施工阶段,必要时还应进行补充勘察。勘察的具体内容包括:①查明与基坑开挖有关的场地条件、土质条件和工程条件;②查明邻近建筑物和地下设施的现状、结构特点,以及对开挖变形的承受能力;③提出处理方式、计算参数和支护结构选型的建议;④提出地下水控制方法、计算参数和施工控制的建议;⑤提出施工方法和施工中可能遇到问题的防治措施及建议;⑥提出施工阶段的环境保护和监测工作的建议。

2. 勘探的范围、勘探点的深度和间距的要求

勘探范围应根据基坑开挖深度及场地的岩土工程条件确定,基坑外宜布置勘探点。

(1)勘探的范围和间距的要求

勘察的平面范围宜超出开挖边界外开挖深度的2～3倍。在深厚软土区，勘察深度和范围应适当扩大。考虑到在平面扩大勘察范围可能会遇到困难(超越地界、周边环境条件制约等)，因此在开挖边界外，勘察手段以调查研究、收集已有资料为主，由于稳定性分析的需要，或布置锚杆的需要，必须有实测地质剖面，故应适量布置勘探点。勘探点的范围不宜小于开挖边界外基坑开挖深度的1倍。当需要采用锚杆时，基坑外勘察点的范围不宜小于基坑深度的2倍，主要是满足整体稳定性，计算所需范围，当周边有建筑物时，也可从旧建筑物的勘察资料中查取。

勘探点应沿基坑周边布置，其间距应视地层条件而定，宜取15～25 m；当场地存在软弱土层、暗沟或岩溶等复杂地质条件时，应加密勘探点并查明分布和工程特性。

(2)勘探点深度的要求

由于支护结构主要承受水平力，因此，勘探点的深度以满足支护结构设计要求深度为宜，对于软土地区，支护结构一般需穿过软土层进入相对硬层。勘探孔的深度不宜小于基坑深度的2倍，一般宜为开挖深度的2～3倍。在此深度内遇到坚硬黏性土、碎石土和岩层，可根据岩土类别和支护设计要求减少深度。基坑面以下存在软弱土层或承压含水层时，勘探孔深度应穿过软弱土层或承压含水层。为降水或截水设计需要，控制性勘探孔应穿透主要含水层进入隔水层一定深度；在基坑深度内遇微风化基岩时，一般性勘探孔应钻入微风化岩层1～3 m，控制性勘探孔应超过基坑深度1～3 m；控制性勘探点宜为勘探点总数的1/3，且每一基坑侧边不宜少于2个控制性勘探点。

基坑勘察深度范围为基坑深度的2倍，大致相当于在一般土质条件下悬臂桩墙的嵌入深度。在土质特别软弱时可能需要更大的深度。但由于一般地基勘察的深度比该深度更大，所以对结合建筑物勘探所进行的基坑勘探，只要勘探深度满足要求一般不会有问题。

3. 岩土工程测试参数要求

在受基坑开挖影响和可能设置支护结构的范围内，应查明岩土分布，分层提供支护设计所需的岩土参数，具体包括以下内容。

岩土不扰动试样的采取和原位测试的数量，应保证每一主要岩土层有代表性的数据分别不少于6组(个)，室内试验的主要项目是含水量、重度、抗剪强度和渗透系数;土的常规物理试验指标中,含水量及土体重度是分析计算所需的主要参数。

土的抗剪强度指标中,抗剪强度是支护设计最重要的参数,但不同的试验方法可能得出不同的结果。勘察时应按照设计所依据的规范、标准的要求进行试验,分层提供设计所需的抗剪强度指标,土的抗剪强度试验方法应与基坑工程设计要求一致,符合设计采用的标准,并应在勘察报告中说明。

土压力及水压力计算、土的各类稳定性验算时,土、水压力的分、合算方法及相应的土的抗剪强度指标类别应符合下列规定。

对地下水位以上的黏性土、黏质粉土,土的抗剪强度指标应采用三轴固结不排水抗剪强度指标或直剪固结快剪强度指标,对地下水位以上的砂质粉土、砂土、碎石土,土的抗剪强度指标应采用有效应力强度指标。

对地下水位以下的黏性土、黏质粉土,可采用土压力,水压力合算方法;此时,对正常固结和超固结土,土的抗剪强度指标应采用三轴固结不排水抗剪强度指标或直剪固结快剪强度指标,对欠固结土,宜采用有效自重应力下预固结的三轴固结不排水抗剪强度指标。

对地下水位以下的砂质粉土、砂土和碎石土,应采用土压力,水压力分算方法;此时,土的抗剪强度指标应采用有效应力强度指标,对砂质粉土,缺少有效应力强度指标时,也可采用三轴固结不排水抗剪强度指标或直剪固结快剪强度指标代替,对砂土和碎石土,有效应力强度指标可根据标准贯入试验实测击数和水下休止角等物理力学指标取值;土压力、水压力采用分算时,水压力可按静水压力计算;当地下水渗流时,宜按渗流理论计算水压力和土的竖向有效应力;当存在多个含水层时,应分别计算各含水层的水压力。

有可靠的地方经验时,土的抗剪强度指标尚可根据室内或原位试验得到的其他物理力学指标,按经验方法确定。

支护结构基坑外侧荷载及基坑内侧抗力计算的主要参数是抗剪强度指标,由于直剪试验测取参数离散性较大,特别是对于软土,无经验的设计人员可能会过大地取用抗剪强度指标值,因此一般宜采用三轴试验的固结快剪强度指标,但有可靠经验时可用简单方便的直剪试验。

从理论上说,基坑开挖形成的边坡是侧向卸荷,其应力路径为σ_1不变,σ_3减小,明显不同于承受建筑物荷载的地基土。另外有些特殊性岩土(如超固结老黏性土、软质岩),开挖暴露后会发生应力释放、膨胀、收缩开裂、浸水软化等现象,强度急剧衰减。因此选择用于支护设计的抗剪强度参数,应考虑开挖造成的边界条件改变、地下水条件的改变等影响。对超固结土,原则上取值应低于原状试样的试验结果。

为了避免个别勘察项目抗剪强度试验数据粗糙对直接取用抗剪强度试验参数所带来的设计不安全或不合理,选取土的抗剪强度指标时,还需将剪切试验的抗剪强度指标与土的其他室内、原位试验的物理力学参数进行对比分析,判定其试验指标的可靠性,防止误用。当抗剪强度指标与其他物理力学参数的相关性较差,或岩土勘察资料中缺少符合实际基坑开挖条件的试验方法的抗剪强度指标时,在有经验的情况下应结合类似工程经验和相邻、相近场地的岩土勘察试验数据,并通过可靠的综合分析判断后合理取值;缺少经验时,则应取偏于安全的试验方法得出的抗剪强度指标。

室内或原位试验测试土的渗透系数,渗透系数是降水设计的基本指标。

特殊条件下应根据实际情况选择其他适宜的试验方法测试设计所需参数。

对一般黏性土宜进行静力触探和标准贯入试验;对砂土和碎石土宜进行标准贯入试验和圆锥动力触探试验;对软土宜进行十字板剪切试验;当设计需要时可进行基床系数试验或旁压试验、扁铲侧胀试验。

4. 水文地质条件勘察的要求

深基坑工程的水文地质勘察工作不同于供水水文地质勘察工作,其目的应包括两个方面:①满足降水设计(包括降水井的布置和井管设计)需要;②满足对环境影响评估的需要。前者按通常供水水文地质勘察工作的方法即可满足要求,后者因涉及问题很多,要求更高。降水对环境影响评估需要对基坑外围的渗流进行分析,研究流场优化的各种措施,考虑降水延续时间长短的影响。因此,要求勘察对整个地层的水文地质特征做更详细的了解。

当场地水文地质条件复杂,在基坑开挖过程中需要对地下水进行控制(降水或隔渗)且已有资料不能满足要求时,应进行专门的水文地质勘察,应达到以下要求。

查明开挖范围及邻近场地地下水含水层和隔水层的层位、埋深、厚度和分布情况,判断地下水类型、补给和排泄条件;有承压水时,应分层测量其水头高度。当含水层为卵石层或含卵石颗粒的砂层时,应详细描述卵石的颗粒组成,粒径大小和黏性土含量。这是因为卵石粒径的大小,对设计施工时选择截水方案和选用机具设备有密切的关系,例如,当卵石粒径大、含量多时,采用深层搅拌桩形成帷幕截水会有很大困难，甚至不可能。

当基坑需要降水时，宜采用抽水试验测定场地各含水层的渗透系数和渗透影响半径；勘察报告中应提出各含水层的渗透系数。当附近有地表水体时，宜在其间布设一定数量的勘探孔或观测孔；当场地水文地质资料缺乏或在岩溶发育地区，必要时宜进行单孔或群孔分层抽水试验、测渗透系数、影响半径、单井涌水量等水文地质参数。

分析施工过程中水位变化对支护结构和基坑周边环境的影响，提出应采取的措施。

当基坑开挖可能产生流沙、流土、管涌等渗透性破坏时，应有针对性地进行勘察，分析评价其产生的可能性及其对工程的影响。当基坑开挖过程中有渗流时，地下水的渗流作用宜通过渗流计算确定。

5. 基坑周边环境勘察要求

周边环境是基坑工程勘察、设计、施工中必须首先考虑的问题，环境保护是深基坑工程的重要任务之一，在建筑物密集、交通流量大的城区尤其突出，在进行这些工作时，应有“先人后己”的概念。由于对周边建(构)筑物和地下管线情况缺乏准确了解或忽视，就盲目开挖造成损失的事例很多，有的后果十分严重，所以基坑工程勘察应进行环境状况调查，设计、施工时才能有针对性地采取有效的保护措施。基坑周边的环境勘察有别于一般的岩土勘察，调查对象是基坑支护施工或基坑开挖可能引起基坑之外产生破坏或失去平衡的物体，是支护结构设计的重要依据之一。周边环境的复杂程度是决定基坑工程安全等级、支护结构方案选型等最重要的因素之一，勘察最后的结论和建议也必须充分考虑对周边环境的影响。

勘察时，委托方应提供周边环境的资料，当不能取得时，勘察人员应通过委托方主动向有关单位收集有关资料，必要时，业主应专项委托勘察单位采用开挖、物探、专用仪器等进行探测。对地面建筑物，可通过观察访问和查阅档案资料进行了解，查明邻近建筑物和地下设施的现状、结构特点以及对开挖变形的承受能力。在城市地下管网密集分布区，可通过地面标志、档案资料进行了解。有的城市建立有地理信息系统，能提供更详细的资料，有助于了解管线的类别、平面位置、埋深和规模。如确实收集不到资料，必要时应采用开挖、物探、专用仪器或其他有效方法进行地下管线探测。

基坑周边环境勘察应包括以下具体内容：①影响范围内既有建筑物的结构

类型、层数、位置、基础形式、尺寸、埋深、基础荷载大小及上部结构现状、使用年限、用途。②基坑周边的各种既有地下管线(包括上、下水,电缆,煤气,污水,雨水,热力等)及地下构筑物的类型、位置、尺寸、埋深等;对既有供水、污水、雨水等地下输水管线,还应包括其使用状况和渗漏状况。③道路的类型、位置、宽度,道路行驶情况、最大车辆荷载等。④基坑开挖与支护结构使用期内施工材料、施工设备等临时荷载的要求。⑤雨期时的场地周围地表水汇流和排泄条件。

6. 特殊性岩土的勘察要求

在特殊性岩土分布区进行基坑工程勘察时,可根据相关规范进行勘察,对软土的蠕变和长期强度,软岩和极软岩的失水崩解,膨胀土的膨胀性和裂隙性,以及非饱和土增湿软化等岩土性质的变化对基坑的影响进行分析评价。

(四)基坑岩土工程勘察评价要求

基坑工程勘察,应根据开挖深度、岩土和地下水条件以及环境要求,对基坑边坡的处理方式提出建议。

基坑工程勘察应针对深基坑支护设计的工作内容进行分析,作为岩土工程勘察,应在岩土工程评价方面有一定的深度。只有通过比较全面的分析评价,提供有关计算参数,才能使支护方案选择的建议更为确切,更有依据。深基坑支护设计的具体的工作内容包括:①边坡的局部稳定性、整体稳定性和坑底抗隆起稳定性;②坑底和侧壁的渗透稳定性;③挡土结构和边坡可能发生的变形;④降水效果和降水对环境的影响;⑤开挖和降水对邻近建筑物和地下设施的影响。

地下水的妥当处理是支护结构设计成功的基本条件,也是侧向荷载计算的重要指标,是基坑支护结构能否按设计完成预定功能的重要因素之一,因此,应认真查明地下水的性质,并对地下水可能对周边环境产生的影响提出相应的治理措施供设计人员参考。在基坑及地下结构施工过程中应采取有效的地下水控制方法。当场地内有地下水时,应根据场地及周边区域的工程地质条件、水文地质条件,周边环境情况和支护结构与基础形式等因素,确定地下水控制方法。当场地周围有地表水汇流、排泄或地下水管渗漏时,应对基坑采取保护措施。

降水消耗水资源。我国是水资源贫乏的国家,应尽量避免降水,保护水资源。降水对环境会有或大或小的影响,对环境影响的评价目前还没有成熟的得到公认的方法。一些规范、规程、规定上所列的方法是根据水头下降在土层中引起的有效应力增量和各土层的压缩模量分层计算地面沉降,这种粗略方法计算结果并不可靠。降水引起的地面沉降与水位降幅、土层剖面特征、降水延续时间等多种因素有关；而建筑物受损害的程度不仅与动水位坡降有关，还与土层水平方向压缩性的变化和建筑物的结构特点有关。地面沉降最大区域和受损害建筑物不一定都在基坑近旁，还可能在远离基坑外的某处。因此评价降水对环境的影响主要依靠调查了解地区经验，有条件时宜进行考虑时间因素的非稳定流渗流场分析和压缩层的固结时间过程分析。

二、基坑岩土工程施工

（一）搅拌桩支护技术

建筑深基坑工程施工中会经常遇到软土，软土是阻碍施工的主要因素，在软土地基施工中，可以利用搅拌桩支护技术强化地基强度，在实际应用中，是将水泥、石灰等原料与软土充分搅拌，从而促使其发生化学反应，使得软土层形成坚固的桩体结构，进而加固地基。应用搅拌桩支护技术进行施工形成的桩体结构具有良好的防水效果，可以防止地下水渗出，且施工成本低廉、污染小，可以有效提升施工效益，同时还可以防止地下水位下降，在建筑深基坑施工中，搅拌桩支护技术的应用十分广泛，且这一技术的应用逐渐成熟，可以应用的坑基深度将近20 m。

（二）钢板桩支护技术

在建筑工程施工中常用的技术还有钢板桩支护技术，当深基坑软土土层较深时，利用钢板进行加固可以起到很好的支护效果。应用钢板桩支护技术要合理地选择钢板，一般而言，常用的钢板是由热轧型钢和钢板桩结合的复合型钢，符合性钢板强度和硬度较大、密度高、防水性强，将多个钢板加以连接构建出钢板墙，从而可以加强深坑地基的强度。同时，钢板墙防水效果极佳，可以防止地下水渗出，地表水渗入，应用钢板桩支护技术可以避免地基受到外界因素的影响，钢板墙可以在建筑工程深基坑支护中起到极好的支护作用。此外，钢板墙作为可回收资源，可以在多个工程中重复应用，可以降低工程成本，也可以减少资源的浪费，能保护深坑基结构。但是钢板墙技术应用也有一定的缺陷，虽然应用这一技术会提升工程效益，但是因为钢板墙硬度较大，施工过程中会发出较大的噪声，会影响到周围居民的正常生活。噪声作为环境的主要污染源之一，危害极大，长期处于噪声之中会给人的身体造成一定的损害，因此，在实际的深基坑工程施工中应用钢板墙技术，要采取一定的噪声防护措施。

（三）排桩支护技术

排桩支护技术的应用也较为广泛，根据排桩的类型可分为连续排桩支护、柱列式排桩支护、水泥搅拌桩支护和密排钻孔桩支护，排桩支护技术多应用于软土地基中，其应用较为灵活，适应性强。连续排桩支护技术与注浆防水技术结合使用，可以提升应用效果，确保施工安全，当深基坑周边的土质较好、水位线较低时可以应用柱列式排桩支护，在实际的应用中，要科学地控制好桩柱之间的距离，并合理控制桩柱的直径和尺寸，对桩深度也要合理控制，才能发挥桩柱的固定作用。在土质较为松软的深基坑区域可以应用水泥搅拌桩支护和密排钻孔桩支护技术，这两项技术支护效果佳，在水位较高的地区应用水泥搅拌桩支护要做好防水，为了强化其支护效果，在深基坑周围设置一定的挡土结构，可以有效避免质量问题。在建筑工程施工中应用密排钻孔桩支护技术，要结合坑基的情况适当调整桩的排列密度，当坑基较深时，就要增大桩的排列密度，当然施工难度也相对较高，当坑基深度较浅时，就要适度将桩的排列密度减小，才能发挥桩的支护作用。

（四）锚杆支护技术

建筑工程施工中锚杆支护技术也比较常用，且该技术应用已较为成熟。在应用锚杆支护技术时，先要将锚杆打入地面，借助锚杆提升土地的稳固性，保证施工安全。在建筑工程中，深基坑施工应用锚杆技术优势明显，不仅所占据的施工面积小，且操作极为灵活多变、掌控性好，对于施工安全的保证性也较高。

锚杆支护技术虽有明显的应用优势，但是在实际的施工支护中也有一定的限制性，在施工支护中技术人员要重视锚杆材质的选择，尽量选择综合性能高的材料，同时支护施工中也要投入一定的精力和时间，做好精细化支护施工把控。在实际的应用中，注浆和钻孔都需要人工操作，工序较为简单，也不需要借助其他工具，少了振捣环节，可以大大降低建筑工程深基坑工程的成本。值得注意的是，在应用锚杆支护技术时，要重视前期的地质、土层的检验，通过前期完善的地理监测，保证施工人员全面了解地质情况、岩石走向和土层结构，有了这些勘测数据，才能选择合适的钻头直径，并确定钻孔的位置，进而才能顺利施工。在钻孔过程中，要保证钻头、墙面处于垂直状态，钻头不能倾斜，钻孔不能打偏，在钻孔前对钻头要进行清理，通过机械检测，保证钻头完好无杂物，有效避免出现灌浆问题，当钻孔完成后，再将锚杆置于孔中并进行强化固定。

第三节 管道工程和架空线路工程

一、管道工程勘察

管道工程是指长距离输油、气管道线路及其大型穿、跨越工程。长距离输油、气管道主要或优先采用地下埋设方式,管道上覆土厚1.0～1.2 m;在自然条件比较特殊的地区,经过技术论证,也可采用土堤埋设、地上敷设和水下敷设等方式。

管道工程勘察阶段的划分应与设计阶段相适应。输油、气管道工程可分选线勘察,初步勘察和详细勘察三个阶段。对岩土工程条件简单或有工程经验的地区,可适当简化勘察流程。一般大型管道工程和大型穿越、跨越工程可分为选线勘察、初步勘察和详细勘察三个阶段。中型工程可分为选线勘察和详细勘察两个阶段。对于小型线路工程和小型穿、跨越工程一般不分阶段,一次达到详勘要求。

(一)管道工程选线勘察

选线勘察主要是收集和分析已有资料,对线路主要的控制点(如大中型河流穿、跨越点)进行踏勘调查,一般不进行勘探工作。对大型管道工程和大型穿越、跨越工程,选线勘察是一个重要的也是十分必要的勘察阶段。以往有些单位在选线工作中,由于对地质工作不重视,没有工程地质专业人员参加,甚至不进行选线勘察,事后才发现选定的线路方案有不少岩土工程问题。例如沿线的滑坡、泥石流等不良地质作用较多,不易整治。如果整治,则耗费很大,增加工程投资;如不加以整治,则后患无穷。在这种情况下,有时不得不重新组织选线。

选线勘察应通过收集资料、测绘与调查,掌握各方案的主要岩土工程问题,对拟选穿、跨越河段的稳定性和适宜性做出评价,提出各方案的比选推荐建议,并应符合下列要求:①调查沿线地形地貌、地质构造、地层岩性、水文地质等条件,推荐线路、越岭方案;②调查各方案通过地区的特殊性岩土和不良地质作用,评价其对修建管道的危害程度;③调查控制线路方案河流的河床和岸坡的稳定程度,提出穿、跨越方案比选的建议;④调查沿线水库的分布情况、近期和远期规划、水库水位、回水浸没和坍岸的范围及其对线路方案的影响;⑤调查沿线矿产、文物的分布概况;⑥调查沿线地震动参数或抗震设防烈度。

管道遇有河流、湖泊、冲沟等地形、地物障碍时，必须跨越或穿越通过。根据国内外的经验，一般是穿越较跨越好。但是管道线路经过的地区，各种自然条件不尽相同。有时因为河床不稳，要求穿越管线埋藏很深；有时沟深坡陡，管线敷设的工程量很大；有时水深流急，施工穿越工程特别困难；有时因为对河流经常疏浚或渠道经常扩挖，影响穿越管道的安全。在这些情况下，采用跨越的方式比穿越方式好。因此，应根据具体情况确定穿越或跨越方式。

河流的穿、跨越点选得是否合理，是设计、施工和管理的关键问题。所以，在确定穿、跨越点以前，应进行必要的选址勘察工作。通过认真的调查研究，比选出最佳的方案。既要照顾到整个线路走向的合理性，又要考虑到岩土工程条件的适宜性。从岩土工程的角度，穿越和跨越河流的位置应选择河段顺直，河床与岸坡稳定，水流平缓、河床断面大致对称，河床岩土构成比较单一，两岸有足够施工场地等有利河段。宜避开下列河段：①河道异常弯曲，主流不固定，经常改道；②河床为粉细砂组成，冲淤变幅大；③岸坡岩土松软，不良地质作用发育，对工程稳定性有直接影响或潜在威胁；④断层河谷或发震断裂。

（二）管道工程初步勘察

初勘工作，主要是在选线勘察的基础上，进一步收集资料，现场踏勘，进行工程地质测绘和调查，对拟选线路方案的岩土工程条件做出初步评价，并推荐最优的线路方案；对穿、跨越工程尚应评价河床及岸坡的稳定性，提出穿、跨越方案的建议。

初步勘察应主要包括下列内容：①划分沿线的地貌单元；②初步查明管道埋设深度内岩土的成因，类型、厚度和工程特性；③调查对管道有影响的断裂的性质和分布；④调查沿线各种不良地质作用的分布、性质、发展趋势及其对管道的影响；⑤调查沿线井、泉的分布和地下水位情况；⑥调查沿线矿藏分布及开采和采空情况；⑦初步查明拟穿、跨越河流的洪水淹没范围，评价岸坡稳定性。

这一阶段的工作主要是进行测绘和调查，尽量利用天然和人工露头，一般不进行勘探和试验工作，只在地质条件复杂、露头条件不好的地段才进行简单的勘探工作。因为在初勘时，可能有几个比选方案，如果每一个方案都进行较为详细的勘察工作，则工作量太大。所以，在确定工作内容时，要求初步查明管道埋设深度内的地层岩性、厚度和成因，要求把岩土的基本性质查清楚，如有无流沙、软土和对工程有影响的不良地质作用。

管道通过河流、冲沟等地段的穿、跨越工程的初勘工作，以收集资料、踏勘和调查为主,必要时进行物探工作。山区河流、河床的第四系覆盖层厚度变化大,单纯用钻探手段难以控制,可采用电法或地震勘探,以了解基岩埋藏深度。对于地质条件复杂的大中型河流,除地面调查和物探工作外,还需进行少量的钻探工作,每个穿、跨越方案宜布置勘探点1~3个。对于勘探线上的勘探点间距,考虑到本阶段对河床地层的研究仅是初步的,山区河流同平原河流的河床沉积差异性很大,即使是同一条河流,上游与下游也有较大的差别。因此,勘探点间距应根据具体情况确定,以能初步查明河床地质条件为原则。至于勘探孔的深度,可以与详勘阶段的要求相同。

(三)管道工程详细勘察

详细勘察应查明沿线的岩土工程条件和水、土对金属管道的腐蚀性,应分段评价岩土工程条件,提出岩土工程设计所需要的岩土特性参数和设计、施工方案的建议;对穿越工程还应论述河床和岸坡的稳定性,提出护岸措施的建议。穿、跨越地段的勘察应符合下列规定:①穿越地段应查明地层结构、土的颗粒组成和特性,查明河床冲刷和稳定程度,评价岸坡稳定性,提出护坡建议;②跨越地段的勘探工作应按架空线路工程的有关规定执行。

详细勘察勘探点的布置,应满足下列要求:①对管道线路工程,勘探点间距视地质条件复杂程度而定,宜为200~1 000 m,包括地质点及原位测试点,并应根据地形、地质条件复杂程度适当增减;勘探孔深度宜为管道埋设深度以下1~3 m。②对管道穿越工程,勘探点应布置在穿越管道的中线上,偏离中线不应大于3 m,勘探点间距宜为30~100 m,并不应少于3个;当采用沟埋敷设方式穿越时,勘探孔深度宜钻至河床最大冲刷深度以下3~5 m;当采用顶管或定向钻方式穿越时,勘探孔深度应根据设计要求确定。管道穿越工程详勘阶段的勘探点间距规定“宜为30~100 m”,范围较大,这主要是考虑到山区河流与平原河流的差异大。对山区河流而言,30 m的间距有时还难以控制地层的变化;对平原河流,100 m的间距甚至再增大一些也可以满足要求。因此,当基岩面起伏大或岩性变化大时,勘探点的间距应适当加密,或采用物探方法,以控制地层变化。按现用设备,当采用定向钻方式穿越时,钻探点应偏离中心线15 m。③抗震设防烈度等于或大于6度地区的管道工程,勘察工作应满足查明场地和地基的地震效应的要求。

二、管道工程施工

(一)开挖和管基施工

第一,在管道进行开挖工作之前,就需要对于开挖的深度、开挖地点的土层地质情况、地下水情况等进行科学性的系统分析工作，利用科学的设定工作，增强后期施工过程中的准确性。在开挖工作的过程中，地沟内部的超挖问题需要进行解决，在利用机械开挖的过程中，要做好底部人工清底预留层的工作。但是在实际的施工过程中，如果面临着开挖面积小和土质特殊等问题，则需要进行单独的支撑设置。在实际的测量中对于技术方面的要求比较高，因此需要提升对施工测量工作的重视程度，提高测量准确性。

第二，在进行管沟开挖工作时，需要严格落实按图施工的工作要求，按照图纸的尺寸和标高进行施工，减少图纸基底的裸露，综合相关因素，做好后期工作。在地表质量检测的过程中，需要进行原材料方面的质量控制，责任主体进行相应的验收工作，增强下一步施工的可实施性。在施工中对于混凝土强度等级的要求、外加剂的添加等，进行全方位的控制。

第三，回填的过程中要将超挖的部分进行碎石回填，将沟槽内部的积水、腐殖质、垃圾土等进行相应的清理，若这些杂质回填于沟槽内，可能会对于管道产生一系列的压力，后期管道变形的情况会比较突出。回填操作需要两侧对称进行，不能只进行单侧的回填，否则会导致两侧管道压力不同。工作结束之后，要将施工的地面复原，并需要进行回填密度的测定，然后将其密度恢复到原本的95%以上。

（二）管基施工和管道防腐

管基的稳定性也是整个管道安装过程中稳定性的基础，在进行管基施工质量提升的过程中，可以利用在施工图纸标高上摊铺混凝土的方式进行，这种方式可以一步提升管基的平整度和密实度，使得后期坍塌和倾斜的可能性降低。但是，在实际的工作中，需要提前检查管道基线，做好科学的支撑点设置工作，保证施工的稳定性。而对于管道防腐工作而言，市政管道工程中给水管道的材质以球墨铸铁管和焊接钢管为主，而雨水排水管道以混凝土管道为主，城市污水处理选择的是高密度聚乙烯（HDPE）中空壁缠绕管道，在这几种管道中，球墨铸铁和焊接钢管的耐腐蚀性能有限，需要进行针对性的处理工作。防腐预处理的工作十分重要，外加涂层是主要的方式。

（三）管道安装技术

第一，安装连接管道的施工过程中，需要将前期的准备工作充分落实，结合市政管道工程的要点明确施工技术。比较重要的方式是法兰直接，施工过程中要保证法兰的紧密性和平行性，采取双面焊接的方式，确定好螺栓的长度和朝向，做好保证性工作，增强法兰连接的稳定性。

第二，安装排水管道的过程中，也需要控制好前期工作，控制好施工场地的环境，做好施工现场的勘察的工作，分析施工地点的实际情况，标注施工现场的地质情况、现场的标高和坡度走向，并在图纸上进行更为清晰和准确的分析。在资料的准备过程中，结合资料进行审核，做好隐蔽管网的分析工作。

三、架空线路工程勘察

大型架空线路工程，主要是高压架空线路工程，包括220 kV及以上的高压架空送电线路、大型架空索道等，其他架空线路工程也可参照执行。

大型架空线路勘察工程可分初步设计勘察和施工图设计勘察两个阶段，小型架空线路可合并勘察阶段。

（一）初步设计勘察

初步设计勘察，查明沿线岩土工程条件和跨越主要河流地段的岸坡稳定性，选择最优线路方案。初步设计勘察应符合下列要求：①调查沿线地形地貌、地质构造、地层岩性和特殊性岩土的分布、地下水及不良地质作用，并分段进行分析评价。②调查沿线矿藏分布、开发计划与开采情况；线路宜避开可采矿层；对已开采区，应对采空区的稳定性进行评价。③对大跨越地段，应查明工程地质条件，进行岩土工程评价，推荐最优跨越方案。初步设计勘察应以收集和利用航测资料为主。大跨越地段应做详细的调查或工程地质测绘，必要时，辅以少量的勘探、测试工作。为了能选择地质地貌条件较好、路径短、安全、经济、交通便利、施工方便的线路路径方案，可按不同地质、地貌情况分段提出勘察报告。

调查和测绘工作，重点是调查研究路径方案跨河地段的岩土工程条件和沿线的不良地质作用，对各路径方案沿线地貌、地层岩性、特殊性岩土分布、地下水情况也应了解，以便正确划分地貌、地质地段，结合有关文献资料，归纳整理提出岩土工程勘察报告。对特殊设计的大跨越地段和主要塔基，应做详细的调查研究，当已有资料不能满足要求时，还应进行适量的勘探测试工作。

（二）施工图设计勘察

施工图设计勘察阶段，应提出塔位明细表，论述塔位的岩土条件和稳定性，并提出设计参数、基础方案、工程措施等建议。施工图设计勘察应符合下列要求：①平原地区应查明塔基土层的分布、埋藏条件、物理力学性质、水文地质条件及环境水对混凝土和金属材料的腐蚀性；②线路经过丘陵和山区，应围绕塔基稳定性并以此为重点进行勘察工作，主要是查明塔基及其附近是否有滑坡、崩塌、倒石堆、冲沟、岩溶和人工洞穴等不良地质作用及其对塔基稳定性的影响，提出防治措施建议；③大跨越地段还应查明跨越河段的地形地貌、塔基范围内地层岩性、风化破碎程度、软弱夹层及其物理力学性质，查明对塔基有影响的不良地质作用，并提出防治措施建议；④对特殊设计的塔基和大跨越塔基，当抗震设防烈度等于或大于6度时，勘察工作应满足查明场地和地基的地震效应的要求。

施工图设计勘察阶段，是在已经选定的线路下进行杆塔定位，结合塔位进行工程地质调查、勘探和测试，提出合理的地基基础和地基处理方案、施工方法的建议等。各地段的具体要求如下：①对架空线路工程的转角塔、耐张塔、终端塔、大跨越塔等重要塔基和地质条件复杂地段，应逐个进行塔基勘探。对简单地段的直线塔基勘探点间距可酌情放宽，直线塔基地段宜每3～4个塔基布置一个勘探点。②对跨越地段杆塔位置的选择，应与有关专家共同确定；对于岸边和河中立塔，还需根据水文调查资料（包括百年一遇洪水淹没范围、岸边与河床冲刷以及河床演变等），结合塔位工程地质条件，对杆塔地基的稳定性做出评价。③跨越河流或湖沼，宜选择在跨距较短、岩土工程条件较好的地点布设杆塔。对跨越塔，宜布置在两岸地势较高、岸边稳定、地基土质坚实、地下水埋藏较深处；在湖沼地区立塔，则宜将塔位布设在湖沼沉积层较薄处，并需着重考虑杆塔地基环境水对基础的腐蚀性。④深度应根据杆塔受力性质和地质条件确定。根据国内已建和在建的500 kV送电线路工程勘察方案的总结，结合土质条件、塔的基础类型、基础埋深和荷载大小以及塔基受力的特点，按有关理论计算结果，勘探孔深度一般为基础埋置深度下0.5～2.0倍基础底面宽度。

架空线路杆塔基础受力的基本特点是上拔力、下压力和倾覆力。因此，应根据杆塔性质（直线塔或耐张塔等）、基础受力情况和地基情况进行基础上拔稳定计算、基础倾覆计算和基础下压地基计算。

四、架空线路工程施工

为有效改善架空线路工程施工中的各项问题，就应在现代化技术的支持下，避免工程施工缺陷，提高架空线路工程施工质量和安全，彰显特定区域电能传输优势和具体作用。加上架空线路工程施工程序混乱复杂，应强化各项技术与工程施工之间契合度，促使架空线路工程施工良性开展。

（一）施工前准备工作

在开展电力配网架空线路工程施工前期，必须做好前期准备工作，避免电力配网架空线路工程施工在具体实施过程中受到外在因素干扰。就目前来看，电力配网架空线路工程施工前期准备工作较为复杂，具体有以下几种：①在开展电力配网架空线路工程施工之前，需要相关人员在考虑各项基础因素条件下做好施工程序规划工作。同时，应用适当材料，避免电力配网架空线路工程施工出现基础材料准备不充分的问题，以提高电力配网架空线路工程施工的质量和安全水平。②为缩短电力配网架空线路工程的施工周期，还应按照工程项目综合建设要求做好仪器设备的准备工作，加强各类仪器设备施工前的维护力度，严格控制各类仪器设备在实际运行过程中出现故障问题，使得各类仪器设备发挥自身的最大作用。③在开展相应施工之前，必须结合各项实际要求对工作人员展开有效培训，使相关人员可以灵活应用各项现代化技术开展工程施工，确保电力配网架空线路工程施工稳步开展。

（二）杆塔施工技术

在开展电力工程施工过程中，有关部门在进行杆塔施工工作时必须遵循标准流程，彰显相应的施工优势，而且还应保证施工区域风力级别的合理性，避免电力配网架空线路杆塔安装施工时受到强力风的影响，保障电力配网架空线路运行的稳定性和安全性，在提升电力配网架空线路工程杆塔施工效果时，突出杆塔施工标准的现实作用，在施工时还应通过各项法律规章控制偷工减料的现象，同时，在电力配网架空线路工程在施工过程中强化电力配网架空线路与杆塔结构之间的契合度，避免出现基础线路脱落问题。对于电力配网架空线路工程施工中出现的问题，必须要求有关部门加强杆塔施工问题的维护力度，保证电力配网架空线路工程杆塔施工问题处理的及时性和有效性，使得杆塔施工可以满足电力配网架空线路工程综合建设的要求。

（三）线路检修技术

对于电力配网架空线路工程施工中出现的线路运行问题，必须要求相关人员在考虑各项基础流程条件的情况下对线路展开有效检修，明确电力配网架空线路在实际运行过程中出现各项问题的原因，合理规划检修模式，以避免因外在因素干扰而出现问题，确保线路运行效果可以满足配网工程实际运行要求。在对电力配网架空线路运行问题展开检修时，必须保证相关人员对电力配网架空线路工程施工流程和相关责任体系有所了解，彰显电力配网架空线路检修的优势，从而避免电力配网架空线路工程施工问题持续恶化。在不同状况下，电力配网架空线路运行故障原因存在一定的差异，这就要求相关人员在全面掌握各项基础原因条件下应用适当技术对线路进行全面检修，有针对性地处理电力配网架空线路的运行问题，继而保证相应线路运行可以满足电力配网工程的实际要求。同时，还要求相关人员在考虑各项基础因素条件下定期检查塔架，妥善处理塔架腐蚀问题，保证配电线路运行安全。

（四）防雷接地技术

电力配网架空线路在实际运行过程中经常会受到雷电侵袭，如果不能有效改善各项问题，必然影响电力配网架空线路工程施工的安全及效果，继而导致施工人员自身安全系数降低，相应施工中出现各项风险问题的概率增大。基于此，要求相关人员考虑各项具体条件的前提下，在电力配网架空线路工程施工中应用防雷接地技术，有效控制电力配网架空线路工程施工以及相关电力设备在实际运行过程中出现雷电安全事故，逐步提高电力配网架空线路工程施工的安全水平。应在考虑按照项目施工现场环境状态以及相关因素条件下合理确定防雷接地技术，通过标准化导引装置将雷电引导到地面上，借以控制雷电对相关配电设备运行效果产生影响，继而提高电力配网架空线路工程中各项基础设备避雷效果，维护各项设备的安全。同时，还应促使相关人员在电力配网架空线路工程施工中应用现代化技术，落实雷电流吸收水平提高的目标，更好地保护电力配网架空线路以及相应的供电设备。

第四节　核　电　厂

核电厂是通过核反应堆产生核能，并经过核供汽系统（又称一回路系统）和汽轮发电机系统（或称二回路系统）的协调工作来生产电能的一种电力设施。其中，核供汽系统被安装在一个被称为安全壳的密闭厂房内，其目的是隔离核辐射，以保证核电站在正常运行或发生事故时都不会影响环境安全。核电厂主体工程的主要构筑物包括：安全壳以及围绕着安全壳的燃料库、主控制楼、管廊和一回路辅助厂房、二回路系统的汽轮发电机房、应急柴油机房等，冷却水供应装置，取、排水系统及其护岸工程，核废料贮存设施等。

安全壳是一个直径一般为40～50 m的钢筋混凝土圆柱体，其基础为一块整体钢筋混凝土垫板，埋置在地面以下10～20 m，一般要求其嵌入岩基。燃料库基础埋深略小一些，而主控制楼、管廊和一回路辅助厂房的基础埋深均大于安全壳基础埋深。因此，这些构筑物的基坑实际上是一个连成一体的、底部呈台阶状的巨大深基坑。

冷却水供、排水设施主要由水泵房、引水隧洞或明渠等组成。大多数核电站将水泵房深埋于地下，采用引水隧洞连接水泵房与大型水体。水泵房和输水隧洞的标高均在大型水体历年的最枯水位之下。

核废料贮存设施可分为两类：一类核废料贮存的安全年限为500~600年，一般是在厂区附近选择稳定的山体开挖洞坑作为贮存这类核废料的场地；另一类核废料需要加以集中后进行永久贮存。目前，国际上普遍认为在地下盐矿、深层黏土层（岩）以及花岗岩体中建造永久贮存设施较为现实可行，其中以地下盐矿最为理想。

核电厂岩土工程勘察的安全分类，可分为与核安全有关的建筑物和常规建筑物两类。核电厂的下列建筑物为与核安全有关的建筑物：①核反应堆厂房；②核辅助厂房；③电气厂房；④核燃料厂房及换料水池；⑤安全冷却水泵房及有关取水构筑物；⑥其他与核安全有关的建筑物。

除上列与核安全有关的建筑物之外，其余建筑物均为常规建筑物，与核安全有关建筑物应为岩土工程勘察的重点。

一、核电厂工程勘察

核电厂是各类工业建筑中安全性要求最高、技术条件最为复杂的工业设施，建造投资规模巨大。因此，根据基建审批程序和已有核电厂工程的实际经验，核电厂岩土工程勘察可划分为初步可行性研究勘察、可行性研究勘察、初步设计勘察、施工图设计勘察和工程建造勘察等五个勘察阶段。各个阶段逐步投入。

（一）初步可行性研究勘察

1. 勘察工作的内容和目的

根据原电力工业部《核电厂工程建设项目可行性研究内容与深度规定（试行）》，初步可行性研究阶段应对2个或2个以上厂址进行勘察，最终确定1或2个候选厂址。初步可行性研究勘察工作应以收集资料为主，根据地质复杂程度，进行调查、测绘、钻探、测试和试验，对各拟选厂址的区域地质、厂址工程地质、水文地质、地震动参数区划、历史地震及历史地震的影响烈度近期地震活动等方面的资料加以研究分析，对厂址的场地稳定性、地基条件、环境水文地质和环境地质做出初步评价，提出建厂的适宜性意见，满足初步可行性研究阶段的深度要求。

2. 勘察的基本要求

在初步可行性研究勘察中，厂址工程地质测绘的比例尺应选用1∶10 000~

25 000;范围应包括厂址及其周边地区,面积不宜小于4 km^2。工程地质测绘内容包括地形、地貌、地层岩性、地质构造、水文地质、岩溶、滑坡、崩塌、泥石流等不良地质作用。重点调查断层构造的展布和性质,必要时应实测剖面。

初步可行性研究勘察应通过工程地质调查,对岸坡、边坡的稳定性进行分析,必要时可做少量的勘探和测试工作,提出厂址的主要工程地质分层,提供岩土初步的物理力学性能指标,了解预选核岛区附近的岩土分布特征,并应符合下列要求:每个厂址勘探孔不宜少于两个,深度应为预计设计地坪标高以下30~60 m;应全断面连续取芯,回次岩芯采取率对一般岩石应大于85%,对破碎岩石应大于70%;每一主要岩土层应采取3组以上试样;勘探孔内间隔2~3 m应做标准贯入试验一次,直至连续的中等风化以上岩体为止;当钻至岩石全风化层时,应增加标准贯入试验频次,试验间隔不应大于0.5 m;岩石试验项目应包括密度、弹性模量、泊松比、抗压强度、软化系数、抗剪强度、压缩波速度等;土的试验项目应包括颗粒分析、天然含水量、密度、塑限、液限、压缩系数、压缩模量、抗剪强度等;对岩土工程条件复杂的厂址,可选用物探辅助勘察,了解覆盖层的组成,厚度和基岩面的埋藏特征,了解隐伏岩体的构造特征,了解是否存在洞穴和隐伏的软弱带。在河海岸坡和山丘边坡地区,应对岸坡和边坡的稳定性进行调查,并做出初步分析评价。

3. 厂址适宜性评价

为了确保核电站的绝对安全以及投资效益的需要,选择核电站站址和评价厂址适宜性时应考虑下列因素。

(1)有无能动断层,是否对厂址稳定性构成影响。站址及其附近是否存在能动断层是评价站址适宜性的重要因素。根据有关规定,在地表或接近地表处有可能引起明显错动的断层为能动断层。符合以下条件之一者应鉴定为能动断层:①该断层晚更新世(距今约10万年)以来,在地表或接近地表处有过运动的证据;②证明与已知能动断层存在构造上的联系,由于已知能动断层的运动可能引起该断层在地表或近地表处的运动;③站址附近的发震构造,当其最大潜在地震可能在地表或近地表产生断裂时,该发震构造应认为是能动断层。

(2)是否存在影响厂址稳定的全新世火山活动。

(3)是否处于地震设防烈度大于8度的地区,是否存在与地震有关的潜在地质灾害。地震是影响核电站安全的另一个主要的地质因素,包括地震本身可影响核电站建筑物的安全与稳定,以及地震引起的地基液化、滑动、边坡失稳等地质灾害。

(4)厂址区及其附近有无可开采矿藏,有无影响地基稳定的人类历史活动、地下工程、采空区、洞穴等。

(5)是否存在可造成地面塌陷、沉降、隆起、开裂等永久变形的地下洞穴、特殊地质体、不稳定边坡和岸坡、泥石流及其他不良地质作用。

(6)有无可供核岛布置的场地和地基,并具有足够的承载力。根据我国目前的实际情况,核岛基础一般选择在中等风化、微风化或新鲜的硬质岩石地基上,其他类型的地基并不是不可以放置核岛,只是我国在这方面的经验不足,必须加以严密的勘察与论证。因此,本节规定主要适用于核岛地基为岩石地基的情况。

(7)是否危及供水水源或对环境地质构成严重影响。

(二)可行性研究勘察

1. 主要工作内容

可行性研究勘察阶段应对初步可行性研究阶段选定的核电站站址进行勘察,勘察内容应包括:查明厂址地区的地形地貌、地质构造、断裂的展布及其特征;查明厂址范围内地层成因、时代、分布和各岩层的风化特征,提供初步的动静物理力学参数,对地基类型、地基处理方案进行论证,提出建议;查明危害厂址的不良地质作用及其对场地稳定性的影响,对河岸、海岸、边坡稳定性做出初步评价,并提出初步的治理方案;判断抗震设计场地类别,划分对建筑物有利、不利和危险地段,判断地震液化的可能性;查明水文地质基本条件和环境水文地质的基本特征。

2. 勘察的基本要求

可行性研究勘察应进行工程地质测绘,测绘范围应视地质、地貌、构造单元确定,包括厂址及其周边地区,测绘地形图比例尺为1:1 000~1:2 000,在厂址周边地区可采用1:2 000的比例尺,但在厂区不应小于1:1 000。

本阶段厂址区的岩土工程勘察应采用钻探和工程物探相结合的方式,工程物探是本阶段的重点勘察手段,通常选择2或3种物探方法进行综合物探,物探与钻探应互相配合,以便有效地获得厂址的岩土工程条件和有关参数,查明基岩和覆盖层的组成厚度及工程特性、基岩埋深、风化特征、风化层厚度等;并应查明工程区存在的隐伏软弱带,洞穴和重要的地质构造;对水域应结合水工建筑物布置方案,查明海(湖)积地层分布、特征和基岩面起伏状况。

可行性研究阶段的勘探和测试应符合下列规定。

(1)厂区的勘探应结合地形、地质条件采用网格状布置,勘探点间距宜为150 m。

《核电厂的地基安全问题》(HAF0108)中规定:厂区钻探采用150 m×150 m网格状布置钻孔,对于均匀地基厂址或简单地质条件厂址较为适用。如果地基条件不均匀或较为复杂,则钻孔间距应适当调整。

控制性勘探点应结合建筑物和地质条件布置,数量不宜少于勘探点总数的1/3,沿核岛和常规岛中轴线应布置勘探线,勘探点间距宜适当加密,并应满足主体工程的布置要求,保证每个核岛和常规岛不少于1个;对水工建筑物宜垂直河床或海岸布置2或3条勘探线,每条勘探线2~4个钻孔。泵房位置不应少于1个钻孔。

(2)勘探孔深度,对基岩场地宜进入基础底面以下基本质量等级为Ⅰ级、Ⅱ级的岩体不少于10 m;对第四纪地层场地宜达到设计地坪标高以下40 m,或进入Ⅰ级、Ⅱ级岩体不少于3 m;核岛区控制性勘探孔深度,宜达到基础底面以下2倍反应堆厂房直径;常规岛区控制性勘探孔深度,不宜小于地基变形计算深度,或进入基础底面以下Ⅰ级、Ⅱ级、Ⅲ级岩体3 m;对水工建筑物应结合水下地形布置,并考虑河岸,海岸的类型和最大冲刷深度。

(3)岩石钻孔应全断面取芯,每回次岩芯采取率对一般岩石应大于85%,对破碎岩石应大于70%,并统计岩石质量指标(RQD)、节理条数和倾角;每一主要岩层应采取3组以上的岩样。

(4)根据岩土条件,选用适当的原位测试方法,测定岩土的特性指标,并用声波测试方法评价岩体的完整程度和划分风化等级。

(5)在核岛位置,宜选1或2个勘探孔,采用单孔法或跨孔法,测定岩土的压缩波速和剪切波速,计算岩土的动力参数。

(6)岩土室内试验项目除应符合初步可行性研究阶段的要求外,还应增加每个岩体(层)代表试样的动弹性模量、动泊松比和动阻尼比等动态参数测试。

可行性研究阶段的地下水调查和评价,包括对核环境有影响的水文地质工作和常规的水文地质工作两个方面。应符合下列规定:①结合区域水文地质条件,查明厂区地下水类型、含水层特征、含水层数量、埋深、动态变化规律及其与周围水体的水力联系和地下水化学成分;②结合工程地质钻探对主要地层分别进行注水、抽水或压水试验,测求地层的渗透系数和单位吸水率,初步评价岩体的完整性和水文地质条件;③必要时,布置适当的长期观测孔,定期观测和记录水位,每季度定时取水样一次做水质分析,观测周期不应少于一个水文年。

可行性研究阶段应根据岩土工程条件和工程需要,进行边坡勘察、土石方工程和建筑材料的调查和勘察。

(三)初步设计勘察

1. 勘察的主要工作内容

根据核电厂建筑物的功能和组合,初步设计勘察应分核岛、常规岛、附属建筑和水工建筑四个不同的建筑地段进行,这些不同建筑地段的安全性质及其结构、荷载、基础形式、埋深等方面的差异,是考虑勘察手段和方法的选择、勘探深度和布置要求的依据。初步设计勘察应符合下列要求:①查明各建筑地段的岩土成因、类别、物理性质和力学参数,并提出地基处理方案;②进一步查明勘察区内断层分布、性质及其对场地稳定性的影响,提出治理方案的建议;③对工程建设有影响的边坡进行勘察,并进行稳定性分析和评价,提出边坡设计参数和治理方案的建议;④查明建筑地段的水文地质条件;⑤查明对建筑物有影响的不良地质作用,并提出治理方案的建议。

2. 勘探点间距及孔深的基本要求

(1)核岛

核岛是指反应堆厂房及其紧邻的核辅助厂房。初步设计核岛地段勘察应满足设计和施工的需要,勘探孔的布置、数量和深度应符合下列规定:①应布置在反应堆厂房周边和中部,当场地岩土工程条件较复杂时,可沿十字交叉线加密或扩大范围。勘探点间距宜为10~30 m。②勘探点数量应能控制核岛地段地层岩性分布,并能满足原位测试的要求。每个核岛勘探点总数不应少于10个,其中反应堆厂房不应少于5个,控制性勘探点不应少于勘探点总数的1/2。③控制性勘探孔深度宜达到基础底面以下2倍反应堆厂房直径,一般性勘探孔深度宜进入基础底面以下,Ⅰ级、Ⅱ级岩体不少于10 m。波速测试孔深度不应小于控制性勘探孔深度。

以上要求只是对核岛地段钻孔数量的最低界限,主要考虑了核岛的几何形状和基础面积。在实际工作中,可根据场地的实际工程地质条件进行适当调整。

(2)常规岛地段

考虑到与核岛系统的密切关系,初步设计常规岛地段勘察,除应符合相关规范的规定外,还应符合下列要求:①勘探点应沿建筑物轮廓线、轴线或主要柱列线布置,每个常规岛勘探点总数不应少于10个,其中控制性勘探点不宜少于勘探点总数的1/4;②控制性勘探孔深度,岩质地基进入基础底面下Ⅰ级、Ⅱ级岩体应不少于3 m,对土质地基应钻至压缩层以下10～20 m。

一般性勘探孔深度,岩质地基应进入中等风化层3～5 m,土质地基应达到压缩层底部。

(3)水工建筑物

水工建筑物种类较多,各具不同的结构和使用特点,且每个场地工程地质条件存在差别。勘察工作应充分考虑上述特点,有针对性地布置工作量。初步设计阶段水工建筑的勘察应符合下列规定:泵房地段钻探工作应结合地层岩性特点和基础埋置深度,每个泵房勘探点数量不应少于2个。一般性勘探孔应达到基础底面以下1～2 m;控制性勘探孔应进入中等风化岩石1.5～3.0 m;土质地基中控制性勘探孔深度应为压缩层以下5～10 m;位于土质场地的进水管线,勘探点间距不宜大于30 m,一般性勘探孔深度应达到管线底标高以下5 m,控制性勘探孔应进入中等风化岩石1.5～3.0 m;与核安全有关的海堤、防波堤,钻探工作应针对该地段所处的特殊地质环境布置,查明岩土物理力学性能和不良地质作用;勘探点宜沿堤轴线布置,一般性勘探孔深度应达到堤底设计标高以下10 m,控制性勘探孔应穿透压缩层或进入中等风化岩石1.5～3.0 m。

3.测试及室内试验的基本要求

初步设计阶段勘察的测试,除应满足一般工业与民用建筑物的基本要求外,还应符合下列规定:根据岩土性质和工程需要,选择合适的原位测试方法,包括波速测试、动力触探试验、抽水试验、注水试验、压水试验、岩体静荷载试验等;并对核反应堆厂房地基进行跨孔法波速测试和钻孔弹模测试,测定核反应堆厂房地基波速和岩石的应力应变特性;室内试验除进行常规试验外,还应测定岩土的动静弹性模量、动静泊松比、动阻尼比、动静剪切模量、动抗剪强度、波速等指标。

以上几种原位测试方法是进行岩土工程分析与评价所需要的项目,应结合工程的实际情况予以选择采用。核岛地段波速测试是一项必须进行的工作,是取得岩土体动力参数和抗震设计分析的主要手段,该项目测试对设备和技术有很高的要求,因此,对服务单位的选择、审查十分重要。

(四)施工图设计阶段勘察

施工图设计阶段应完成附属建筑的勘察和主要水工建筑以外其他水工建筑的勘察,并根据需要进行核岛、常规岛和主要水工建筑的补充勘察。勘察内容和要求可按初步设计阶段的有关规定执行,每个与核安全有关的附属建筑物不应少于一个控制性勘探孔。

（五）工地建造阶段勘察

工程建造阶段勘察主要是现场检验和监测。核电站工程是有特殊要求的工程，一旦损坏，将造成生命财产重大损失，同时将产生重大的社会影响。现场检验和监测工作对保证工程安全有重要作用。当监测数据接近安全临界值时，必须加密监测，并迅速向有关部门报告，以便及时采取措施，保证工程和人身安全。其内容和要求按有关规范、规定执行。

二、核电厂工程施工

（一）核电工程管道施工

1. 支吊架施工

支吊架施工分为两个阶段，即第一阶段和第二阶段。对应于这两个阶段的支吊架施工，习惯称其为一级支架施工和二级支架施工。

一级支架指的是固定在土建钢结构或混凝土结构上的固定部件和辅助钢结构架。一级支架一般应在管道安装前施工，如支架根部基板、悬臂梁、结构梁、吊耳等，这些支架还可用于管道的吊安装，但一级支架施工，不应妨碍其他管道吊装和安装。

二级支架指的是管道限位部件、固定部件和中间连接件，如假三通、导向部件、弯管支托、耳轴、U形管卡、管夹、花兰螺栓、吊环螺母、吊杆、阻尼器拉杆、弹簧箱等。二级支架应与管道同时配合施工。

阻尼器安装：阻尼器前后轴承座安装焊接时系用模拟体替代，正式阻尼器的最终安装，应在管道及管道上的支吊架安装完毕后，或在冷态功能试验后、热态功能试验前进行。阻尼器的拉杆行程：通过推拉活塞杆来调节阻尼器的长度与模拟体的长度一致，然后安装球饺和销剑并锁紧销钉。

弹簧支吊架安装：弹簧箱出厂交货时已按设计规格整定并锁定在用于安装的刻度位置（即“冷态”位置）上，安装时不得乱动已处于锁定的刻度位置。安装后的弹簧箱，应在管道水压试验后、热态功能试验前解除弹簧箱的锁紧装置（定位销），并拧紧锁紧螺母。

2. 法兰密封垫片安装

所有主辅系统管道法兰、盲板法兰和法兰阀门的密封垫片安装，在施工阶段可用临时密封垫片（如不含氯离子的石棉橡胶垫片）代替，待系统冲洗结束后将正式密封垫片装上。所有厂供密封垫片需根据设计要求在系统冲洗或试压后安装。核电厂配套设施(BOP)给排水工程可不受上述限制。

(二)安全壳穹顶喷淋管施工

安全壳穹顶喷淋管是核辅助系统管道最早施工的项目之一,安全壳穹顶钢衬里拼装焊接完毕就可进行喷淋管施工。

1. 喷淋管施工的经验

每一喷淋环形管在弯制后开孔前,一定要进行预拼装工作,以检验环形管的整体平面度及环管的环形直径偏差是否在设计允许范围内。

喷淋管支吊架根部构件均须焊接在穹顶钢衬里的预埋件上,由于土建预埋件施工允差大大超出管道支架的施工允差,因此,喷淋管支架的根部构件施工时最好先点焊,待管道调整定位后再满焊。

喷淋管道在安装阶段冲洗试压前,就应把调试队以后做系统流量试验时要完成的工作做完,即把所有喷嘴、管帽都封堵好,把所有正式垫片都装上,管道试压后也不用卸下来,待调试队做完系统流量试验后,再把所有喷嘴封堵卸下来,以便做喷嘴空气流量试验。

2. 喷淋管冲洗特殊措施

喷淋管施工阶段,如果除盐水厂房还未生产除盐水,那么管道冲洗用的除盐水应从别处购买运抵现场放于不锈钢水箱中,利用高压冲洗泵进行高压水冲洗。因此,核电工程施工需配备1台50 MPa~80 MPa的高压冲洗泵及其配套的金属软管和冲洗喷头。

3. 高压水冲洗新工艺

高压水冲洗即水力喷射冲洗,是利用高压水流喷射所传递的内压力,使喷头水柱不停地冲击管道内表面,从而带走附在管道内表面的脏物。

从事高压水冲洗的操作人员,必须具备上岗资格证和现场经验,并按操作规程操作。应注意的是,进行高压水冲洗时,应先将冲洗喷头插入管中至少1 m,并紧握高压软管,然后启动高压冲洗泵,压力上升后慢慢移入软管,使喷头在规定范围内来回移动冲洗,当冲洗喷头到达距管末端约1 m时停泵,然后慢慢移出软管。一定要在无压状态下取出喷头,以确保人身安全。

采用高压水冲洗时,喷头不得穿过有可能被损坏的部件(如阀门等),被冲洗管道的长度一般不要超过30 m,对有较多弯头的管段还应该更短些。

(三)阀门远距离传动机构安装

阀门远距离传动机构由阀门、远传机构和驱动装置三大部分组成。带有远传机构的阀门种类繁多,如闸阀、球阀、蝶阀、隔膜阀、调节阀、截止阀等。安装远传机构时,应注意的是,所有穿地套筒、穿楼板套筒安装时,套筒与混凝土钢筋焊接应先点焊,不要一次焊死,待阀门和远传机构安装固定后方可焊完,避免土建误差造成的不必要返工。

第五节 城市轨道交通工程

城市轨道交通工程是指在不同形式轨道上运行的大、中运量城市公共交通建设工程,是当代城市中地铁、轻轨、单轨、自动导向、磁浮、市域快速轨道交通等建设工程的统称。

随着国民经济的发展,我国迎来了城市轨道交通工程建设的高潮。目前,已有几十个城市开展了城市轨道交通工程的建设工作。岩土工程勘察是为城市轨道交通工程建设提供基础资料的一个重要环节。

城市轨道交通工程属于高风险工程,存在安全风险。目前,全国各个城市的轨道交通工程建设都开展了安全风险管理工作。城市轨道交通工程建设过程中基坑、隧道的坍塌,周边建筑物、管线等的破坏,往往都与地质条件密切相关。因此,岩土工程勘察人员应高度重视,在广泛收集已有的勘察设计与施工资料的基础上,密切结合工程特点进行工程地质、水文地质勘察,针对各类结构设计及各种施工方法,科学制定勘察方案,精心组织实施,依据工程地质,水文地质条件进行技术论证与评价,提供资料完整、数据可靠、评价正确、建议合理的勘察报告。

一、城市轨道交通工程勘察

(一)勘察阶段划分

城市轨道交通岩土工程勘察应按规划、设计阶段的技术要求,分阶段开展相应的勘察工作。

城市轨道交通工程建设阶段一般包括规划、可行性研究、总体设计、初步设计、施工图设计、工程施工、试运营等阶段。城市轨道交通工程投资巨大,线路穿越城市中心地带,地质、环境风险极高,建设各阶段对工程技术的要求高,各个阶段所解决的工程问题不同，对岩土工程勘察的资料深度要求也不同。如在规划阶段应规避对线路方案产生重大影响的地质和环境风险，在设计阶段应针对所有的岩土工程问题开展设计工作，并对各类环境提出保护方案。若不按照建设阶段及各阶段的技术要求开展岩土工程勘察工作，可能会导致工程投资浪费、工期延误，甚至在施工阶段产生重大的工程风险。因此，根据规划和各设计阶段的要求，分阶段开展岩土工程勘察工作，规避工程风险，对轨道交通工程建设意义重大。

城市轨道交通岩土工程勘察应分为可行性研究勘察、初步勘察和详细勘察。施工阶段可根据需要开展施工勘察工作。

分阶段开展工作，就是坚持由浅入深、不断深化的认识过程，逐步认识沿线区域及场地的工程地质条件，准确提供不同阶段所需的岩土工程资料。特别在地质条件复杂的地区，若不按阶段进行岩土工程勘察工作，轻者给后期工作造成被动，形成返工浪费；重者给工程造成重大损失或给运营线路留下无穷后患。

鉴于工程地质现象的复杂性和不确定性，按一定间距布设勘探点所揭示地层信息存在局限性；受周边环境条件限制，部分钻孔在详细勘察阶段无法实施；工程施工阶段周期较长（一般为2～4年），在此期间，地下水和周边环境会发生较大变化；同时，在工程施工中经常会出现一些工程问题。因此，城市轨道交通工程有必要在施工阶段开展勘察工作，对地质资料进行验证、补充或修正。

不良地质作用、地质灾害、特殊性岩土等往往对城市轨道交通工程线位规划、敷设形式、结构设计、工法选择等工程方案产生重大影响，严重时危及工程施工和线路运营的安全。岩土工程问题往往具有复杂性和特殊性，采用常规的勘探手段，在常规的勘探工作量条件下难以查清。因此，城市轨道交通工程线路或场地附近存在对工程设计方案和施工有重大影响的岩土工程问题时应进行专项勘察，提出有针对性的工程措施建议，确保工程规划设计经济、合理，工程施工安全、顺利。例如，西安城市轨道交通工程建设能否穿越地裂缝和济南城市轨道交通工程建设能否避免对泉水产生影响，这些是西安和济南城市轨道交通工程建设的控制因素。因此，这两个城市在轨道交通工程建设中都进行了专项岩土工程勘察工作，专项勘察成果指导了城市轨道交通工程的规划、设计和施工工作。

城市轨道交通工程周边存在着大量的地上、地下建（构）筑物，地下管线，人防工程等环境条件，对工程设计方案和工程安全有重大影响。同时，轨道交通的敷设形式多采用地下线形式，地下工程的施工容易破坏周边环境。因此，城市轨道交通岩土工程勘察应取得工程沿线地形图、管线、地下设施分布图等资料，以便勘察单位在勘察期间确保地下管线和设施的安全，并在勘察成果中分析工程与周边环境的相互影响，提出工程周边环境保护措施的建议。

工程周边环境资料是工程设计、施工的重要依据，地形图及地下管线图往往不能满足周边环境与工程相互影响分析，以及工程环境保护设计、施工的要求。因此，必要时应根据任务要求开展工程周边环境专项调查工作，取得周边环境的详细资料，以便采取环境保护措施，保证环境和城市轨道交通工程建设的安全。

目前，工程周边环境的专项调查工作是由建设单位单独委托，承担环境调查工作的单位，可以是设计单位、勘察单位，也可以是其他单位。

城市轨道交通岩土工程勘察应在收集当地已有勘察资料、建设经验的基础上，针对线路敷设形式以及各类工程的建筑类型、结构形式、施工方法等工程条件开展工作。收集当地已有勘察资料和建设经验是岩土工程勘察的基本要求，充分利用已有勘察资料和建设经验可以达到事半功倍的效果。城市轨道交通工程线路敷设形式多，结构类型多，施工方法复杂，不同类型的工程对岩土工程勘察的要求不同，解决的问题也不同。因此，十分有必要针对线路敷设形式以及各类工程的建筑类型、结构形式、施工方法等工程条件开展工作。

（二）勘察等级划分

城市轨道交通岩土工程勘察应根据工程重要性等级、场地复杂程度等级和工程周边环境风险等级制定勘察方案，采用综合的勘察方法，布置合理的勘察工作量，查明工程地质条件、水文地质条件，进行岩土工程评价，提供设计、施工所需的岩土参数，提出岩土治理、环境保护、工程监测等建议。

城市轨道交通岩土工程勘察等级的划分，主要考虑工程结构类型、破坏后果的严重性、场地工程地质条件的复杂程度、环境安全风险等级等因素，以便在勘察工作量布置、岩土工程评价、参数获取、工程措施建议等方面突出重点，区别对待。

1. 工程重要性等级

城市轨道交通工程本身是一个复杂的系统工程，是各类工程和建筑类型的集合体，为了使岩土工程勘察工作更具针对性，可根据各个工程的规模，建筑类型的特点以及因岩土工程问题造成工程破坏后果的严重性划分为三个等级，见表4-2。

表4-2 工程重要性等级

工程重要性等级	工程破坏的后果	工程规模及建筑类型
一级	很严重	车站主体、各类通道、地下区间、高架区间、大中桥梁、地下停车场、控制中心、主变电站
二级	严重	路基、涵洞、小桥、车辆基地内的各类房屋建筑、出入口、风井、施工竖井、盾构始发(接收)井
三级	不严重	次要建筑物、地面停车场

2. 场地复杂程度等级

场地复杂程度等级可根据地形地貌、工程地质条件、水文地质条件按照下列规定进行划分,从一级开始,向二级、三级推进,以最先满足的为准。

符合下列条件之一者为一级场地(或复杂场地):①地形地貌复杂;②建筑抗震风险不利地段;③不良地质作用强烈发育;④特殊性岩土需要专门处理;⑤地基、围岩或边坡的岩土性质较差;⑥地下水对工程的影响较大需要进行专门研究和治理。

符合下列条件之一者为二级场地(或中等复杂场地):①地形地貌较复杂;②建筑抗震一般地段;③不良地质作用一般发育;④特殊性岩土不需要专门处理;⑤地基、围岩或边坡的岩土性质一般;⑥地下水对工程的影响较小。

符合下列条件者为三级场地(或简单场地):①地形地貌简单;②抗震设防烈度小于或等于6度或对建筑抗震有利地段;③不良地质作用不发育;④地基、围岩或边坡的岩土性质较好;⑤地下水对工程无影响。

3. 工程周边环境风险等级

城市轨道交通工程周边环境复杂,不同环境类型与城市轨道交通工程建设的相互影响不同,工程环境风险与环境的重要性、环境与工程的空间位置关系密切相关。

目前,各个城市在城市轨道交通建设中,针对不同等级的环境风险采取的管理措施不同。一级环境风险需进行专项评估、专项设计和编制专项施工方案;二级环境风险在设计文件中应提出环境保护措施并编制专项施工方案;三级环境风险应在工程施工方案中制订环境保护措施。不同级别环境风险的保护和控制对岩土工程勘察的要求不同。一般可行性研究阶段应重点关注一级环境风险，并提出规避措施建议；初步勘察阶段应重点关注一级和二级的环境风险，并提出保护措施建议；详细勘察阶段应关注所有环境风险，并提出明确的环境保护措施建议。

工程周边环境风险等级一般可根据工程周边环境与工程的相互影响程度及破坏后果的严重程度进行划分。

一级环境风险：工程周边环境与工程相互影响很大，破坏后果很严重。

二级环境风险：工程周边环境与工程相互影响大，破坏后果严重。

三级环境风险：工程周边环境与工程相互影响较大，破坏后果较严重。

四级环境风险：工程周边环境与工程相互影响小，破坏后果轻微。

北京市城市轨道交通工程的环境风险分为如下四级，其他城市可对应参照。

特级环境风险：下穿既有轨道线路(含铁路)。

一级环境风险：下穿重要既有建(构)筑物、重要市政管线及河流，上穿既有轨道线路(含铁路)。

二级环境风险：下穿一般既有建(构)筑物、重要市政道路，临近重要既有建(构)筑物、重要市政管线及河流。

三级环境风险：下穿一般市政管线、一般市政道路及其他市政基础设施，临近一般既有建(构)筑物、重要市政道路。

4. 岩土工程勘察等级

岩土工程勘察等级可按下列条件划分。

甲级：在工程重要性等级、场地复杂程度等级和工程周边环境风险等级中，有一项或多项为一级的勘察项目。

乙级：除勘察等级为甲级和丙级以外的勘察项目。

丙级：工程重要性等级、场地复杂程度等级均为三级且工程周边环境风险等级为四级的勘察项目。

(三)可行性研究勘察

1. 一般规定

可行性研究勘察应针对城市轨道交通工程线路方案开展工程地质勘察工作，研究线路场地的地质条件，为线路方案比选提供地质依据。可行性研究阶段勘察是城市轨道交通工程建设的一个重要环节。城市轨道交通工程在规划可研阶段，就需要考虑众多的影响和制约因素，如城市发展规划、交通方式、预测客流、地质条件、环境设施、施工难度等。这些因素是确定线路走向、埋深和工法时应重点考虑的内容。

制约线路敷设方式、工期和投资的地质因素，主要为不良地质作用、特殊性岩土和线路控制节点的工程地质与水文地质问题。因此，可行性研究勘察应重点研究影响线路方案的不良地质作用、特殊性岩土及关键工程的工程地质条件。

可行性研究勘察应在收集已有地质资料和工程地质调查与测绘的基础上，开展必要的勘探与取样、原位测试、室内试验等工作。由于在城市轨道交通工程设计中，一般可行性研究阶段与初步设计阶段之间还有总体设计阶段，在实际工作中，可行性研究阶段的勘察报告还需要满足总体设计阶段的需要。仅仅依靠收集资料来编制可行性研究勘察报告难以满足上述两个阶段的工作需要，因此应进行必要的现场勘探、测试和试验工作。

2. 目的与任务

可行性研究勘察应调查城市轨道交通工程线路场地的岩土工程条件、周边环境条件，研究控制线路方案的主要工程地质问题和重要工程周边环境，为线位、站位、线路敷设形式、施工方法等方案的设计与比选，技术经济论证，工程周边环境保护及编制可行性研究报告提供地质资料。

由于比选线路方案、完善线路走向、确定敷设方式和稳定车站等工作，需要同时考虑对环境的保护和协调，如重点文物单位的保护、既有桥隧、地下设施等，并认识和把握既有地上、地下环境所处的岩土工程背景条件。因此，可行性研究阶段勘察，应从岩土工程角度，提出线路方案与环境保护的建议。

可行性研究勘察应进行下列工作。

(1)收集区域地质、地形、地貌、水文、气象、地震、矿产等资料，以及沿线的工程地质条件、水文地质条件、工程周边环境条件和相关工程建设经验。

(2)调查线路沿线的地层岩性、地质构造、地下水埋藏条件等，划分工程地质单元，进行工程地质分区，评价场地稳定性和适宜性。

(3)对控制线路方案的工程周边环境，分析其与线路的相互影响，提出规避、保护的初步建议。

(4)对控制线路方案的不良地质作用、特殊性岩土，了解其类型、成因、范围及发展趋势，分析其对线路的危害，提出规避、防治的初步建议。

轨道交通工程为线状工程，不良地质作用、特殊性岩土以及重要的工程周边环境决定了工程线路的敷设形式、开挖形式、线路走向等方案的可行性，并影响着工程的造价、工期及施工安全。

(5)研究场地的地形、地貌、工程地质、水文地质、工程周边环境等条件，分析路基、高架、地下等工程方案及施工方法的可行性，提出线路比选方案的建议。

3. 勘察要求

可行性研究勘察的资料收集应包括下列内容：①工程所在地的气象、水文以及与工程相关的水利、防洪设施等资料；②区域地质、构造、地震及液化等资料；③沿线地形、地貌、地层岩性、地下水、特殊性岩土、不良地质作用、地质灾害等资料；④沿线古城址，河、湖、沟、坑的历史变迁，工程活动引起的地质变化等资料；⑤影响线路方案的重要建(构)筑物、桥涵、隧道，既有轨道交通设施等工程周边环境的设计与施工资料。

可行性研究阶段勘察所依据的线路方案一般都不稳定也不具体，并且各地的场地复杂程度、线路的城市环境条件也不同，所以可行性研究阶段的勘探点间距需要根据地质条件和其他实际情况灵活掌握。

广州城市轨道交通工程可行性研究阶段勘察的做法是：沿线路正线250～350 m布置一个钻孔，每个车站均有钻孔。当收集到可利用钻孔时，对钻孔进行删减。

北京城市轨道交通工程可行性研究阶段勘察的做法是：沿线路正线1 000 m布置一个钻孔，并保证每个车站和每个地质单元均有钻孔控制。对控制线路方案的不良地质条件进行钻孔加密。

一般可行性研究勘察的勘探工作应符合下列要求：①勘探点间距不宜大于1 000 m，每个车站应有勘探点。②勘探点数量应满足工程地质分区的要求；每个工程地质单元应有勘探点，在地质条件复杂地段应加密勘探点。③当有两条或两条以上比选线路时，各比选线路均应布置勘探点。④控制线路方案的江、河、湖等地表水体及不良地质作用和特殊性岩土地段应布置勘探点。⑤勘探孔深度应满足场地稳定性，适宜性评价和线路方案设计、工法选择等需要。⑥可行性研究勘察的取样，原位测试、室内试验的项目和数量，应根据线路方案、沿线工程地质和水文地质条件确定。

(四)初步勘察

1. 一般规定

初步勘察应在可行性研究勘察的基础上，针对城市轨道交通工程线路敷设形式、各类工程的结构形式、施工方法等开展工作，为初步设计提供地质依据。

初步设计是城市轨道交通工程建设非常重要的设计阶段，初步设计工作往往是在线路总体设计的基础上开展工点设计工作，敷设形式不同，初步设计的内容也不同，如初步设计阶段的地下工程一般根据环境及地质条件需完成车站主体及区间的平面布置、埋置深度、开挖方法、支护形式、地下水控制、环境保护、监控量测等的初步方案。初步设计阶段的岩土工程勘察需要满足以上初步设计工作的要求。

初步勘察应对控制线路平面、埋深及施工方法的关键工程或区段进行重点勘察，并结合工程周边环境提出岩土工程防治和风险控制的初步建议。

初步设计过程中，一些控制性工程，如穿越水体、重要建筑物地段、换乘节点等，往往需要对其位置、埋深、施工方法进行多种方案的比选，因此，初步勘察需要为控制性节点工程的设计和比选，确定切实可行的工程方案，提供必要的地质资料。

初步勘察工作应根据沿线区域地质、场地工程地质、水文地质、工程周边环境等条件，采用工程地质调查与测绘、勘探与取样、原位测试、室内试验等多种手段相结合的综合勘察方法。

2. 目的与任务

初步勘察应初步查明城市轨道交通工程线路、车站、车辆基地，以及相关附属设施的工程地质和水文地质条件，分析评价地基基础形式和施工方法的适宜性，预测可能出现的岩土工程问题，提供初步设计所需的岩土参数，提出复杂或特殊地段岩土治理的初步建议。

初步勘察应进行下列一般工作：①收集带地形图的拟建线路平面图、线路纵断面图、施工方法等有关设计文件及可行性研究勘察报告，沿线地下设施分布图；②初步查明沿线地质构造、岩土类型及分布、岩土物理力学性能、地下水埋藏条件，进行工程地质分区；③初步查明特殊性岩土的类型、成因、分布、规模、工程性质，分析其对工程的危害程度；④查明沿线场地不良地质作用的类型、成因、分布、规模，预测其发展趋势，分析其对工程的危害程度；⑤初步查明沿线地表水的水位、流量、水质、河湖淤积物的分布，以及地表水与地下水的补排关系；⑥初步查明地下水水位、地下水类型、补给、径流、排泄条件、历史最高水位、地下水动态和变化规律；⑦对抗震设防烈度大于或等于6度的场地，应初步评价场地和地基的地震效应；⑧评价场地稳定性和工程适宜性；⑨初步评价水和土对建筑材料的腐蚀性;⑩对可能采取的地基基础类型、地下工程开挖与支护方案、地下水控制方案进行初步的分析评价;⑪对于季节性冻土地区,应调查场地土的标准冻结深度;⑫对环境风险等级较高的工程周边环境,分析可能出现的工程问题,提出预防措施的建议。

3. 地下工程

城市轨道交通工程初步设计阶段的地下工程主要涉及地下车站和区间隧道。地下车站与区间隧道初步勘察要求除应符合初步勘察一般工作的规定外,还应针对地下工程的特点,满足包括围岩分级、岩土施工工程分级、地基基础形式、围岩加固形式、有害气体、污染土、支护形式、盾构选型等隧道工程,基坑工程所需要查明和评价的内容。

具体包括下列要求:①初步划分车站、区间隧道的围岩分级和岩土施工工程分级;②根据车站、区间隧道的结构形式及埋置深度,结合岩土工程条件,提供初步设计所需的岩土参数,提出地基基础方案的初步建议;③在每个水文地质单元选择代表性地段进行水文地质试验,提供水文地质参数,必要时设置地下水位长期观测孔;④初步查明地下有害气体,污染土层的分布、成分,评价其对工程的影响;⑤针对车站、区间隧道的施工方法,结合岩土工程条件,分析基坑支护、围岩支护、盾构设备选型、岩土加固与开挖、地下水控制等可能遇到的岩土工程问题,提出处理措施的初步建议。

地下车站的勘探点宜按结构轮廓线布置,每个车站勘探点数量不宜少于4个,且勘探点间距不宜大于100 m。当地质条件复杂时,还需增加钻孔。例如,北京地区初勘阶段,每个车站一般布置4~6个钻孔。

地下区间的勘探点应根据场地复杂程度和设计方案布置,并符合下列要求:①勘探点间距宜为100~200 m,在地貌、地质单元交接部位,地层变化较大地段,以及不良地质作用和特殊性岩土发育地段应加密勘探点。②勘探点宜沿区间线路布置。③每个地下车站或区间取样、原位测试的勘探点数量不应少于勘探点总数的2/3。

勘探孔深度应根据地质条件及设计方案综合确定,并符合下列规定:①控制性勘探孔进入结构底板以下不应小于30 m,在结构埋深范围内如遇强风化、全风化岩石地层,进入结构底板以下不应小于15 m,在结构埋深范围内如遇中等风化、微风化岩石地层,宜进入结构底板以下5~8 m;②一般性勘探孔进入结构底板以下不应小于20 m,在结构埋深范围内如遇强风化、全风化岩石地层,进入结构底板以下不应小于10 m,在结构埋深范围内如遇中等风化,微风化岩石地层进入结构底板以下不应小于5 m;遇岩溶和破碎带时钻孔深度应适当加深。

4. 高架工程

城市轨道交通工程初步设计阶段高架工程主要涉及高架车站、区间桥梁,轨道交通高架结构对沉降控制较为严格,一般采用桩基方案,因此勘察工作的重点是桩基方案的评价和建议。针对高架工程的特点,高架车站与区间工程初步勘察除应符合初步勘察一般工作的规定外,还应满足下列要求:①重点查明对高架方案有控制性影响的不良地质体的分布范围,指出工程设计应注意的事项;②采用天然地基时,初步评价墩台基础地基的稳定性和承载力,提供地基变形、基础抗倾覆和抗滑移稳定性验算所需的岩土参数;③采用桩基时,初步查明桩基持力层的分布和厚度变化规律,提出桩型及成桩工艺的初步建议,提供桩侧土层摩阻力,桩端土层端阻力初步建议值,并评价桩基施工对工程周边环境的影响;④对跨河桥,还应初步查明河流水文条件,提供冲刷计算所需的颗粒级配等参数。

勘探点间距应根据场地复杂程度和设计方案确定,宜为80 ~ 150 m;高架车站勘探点数量不宜少于3个;对于已经基本明确桥柱位置和柱跨情况的,初勘点位应尽量结合桥柱,框架柱布设。取样、原位测试的勘探点数量不应少于勘探点总数的2/3。

勘探孔深度应符合下列规定:①控制性勘探孔深度应满足墩台基础或桩基沉降计算和软弱下卧层验算的要求,一般性勘探孔应满足查明墩台基础或桩基持力层和软弱下卧土层分布的要求。②墩台基础置于无地表水地段时,应穿过最大冻结深度达持力层以下;墩台基础置于地表水水下时,应穿过水流最大冲刷深度达持力层以下。③覆盖层较薄,下伏基岩风化层不厚时,勘探孔应进入微风化地层3 ~ 8 m。为确认是基岩而非孤石,应将岩芯同当地岩层露头、岩性、层理、节理和产状进行对比分析,综合判断。

(五)施工勘察

城市轨道交通工程,尤其是地下工程经常发生因地质条件变化而产生的施工安全事故,因此施工阶段的勘察非常重要。施工阶段的勘察主要包括施工中的地质工作以及施工专项勘察工作。施工勘察应针对施工方法、施工工艺的特殊要求和施工中出现的工程地质问题等开展工作,提供地质资料,满足施工方案调整和风险控制的要求。

施工地质工作是施工单位在施工过程中的必要工作,是信息化施工的重要手段。施工单位在实际工作中宜开展(且不限于)下列地质工作:①研究工程勘察资料,掌握场地工程地质条件及不良地质作用和特殊性岩土的分布情况,预测施工中可能遇到的岩土工程问题;②调查了解工程周边环境条件变化、周边工程施工情况、场地地下水位变化及地下管线渗漏情况,分析地质与周边环境条件的变化对工程可能造成的危害;③施工中应通过观察开挖面岩土成分、密实度、湿度、地下水情况、软弱夹层、地质构造、裂隙破碎带等实际地质条件,核实、修正勘察资料;④绘制边坡和隧道地质素描图;⑤对复杂地质条件下的地下工程应开展超前地质探测工作,进行超前地质预报;⑥必要时对地下水动态进行观测。

施工阶段需进行的专项勘察工作内容主要是从以往勘察和工程施工工作中总结出来的,这些内容往往对城市轨道交通工程施工的安全和解决工程施工中的重大问题起重要作用,需要在施工阶段重点查明。

遇下列情况时宜进行施工专项勘察。

(1)场地地质条件复杂,施工过程中出现地质异常,对工程结构及工程施工产生较大危害。由于钻孔为点状地质信息,地质条件复杂时在钻孔之间会出现地层异常情况,超出详细勘察报告分析推测范围。施工过程中常见的地质异常主要包括:地层岩性出现较大的变化,地下水位明显上升,出现不明水源,出现新的含水层或透镜体。

(2)场地存在暗浜、古河道、空洞、岩溶、土洞等不良地质条件影响工程安全;场地存在孤石、漂石、球状风化体、破碎带、风化深槽等特殊岩土体对工程施工造成不利影响。

(3)在施工过程中经常会遇见暗浜、古河道、空洞、岩溶、土洞以及卵石地层中的漂石、残积土中的孤石、球状风化等增加施工难度,危及施工安全的地质条件。这些地质条件在前期勘察工作中虽已发现,但其分布具有随机性,同时受详细勘察精度和场地条件的影响,难以查清其确切的分布状况。因此,在施工阶段有必要开展针对性的勘察工作以查清此类地质条件,为工程施工提供依据。

比如广州地铁针对溶洞、孤石等,委托原勘察单位开展了施工阶段的专门性勘察工作,钻孔间距为3~5 m,北京地铁9号线针对卵石地层中的漂石对盾构和基坑护坡桩施工的影响,委托原勘察单位开展了施工阶段的专门性勘察工作,采用了人工探井、现场颗分试验等勘察手段。

(4)场地地下水位变化较大或施工中发现不明水源,影响工程施工或危及工程安全。由于勘察阶段距离施工阶段的时间跨度较大,场地周边环境可能会发生较大变化，常见的变化包括场地范围内埋设了新的地下管线、周边出现新的工程施工、既有管线发生渗漏等。

(5)施工方案有较大变更或采用新技术、新工艺、新方法、新材料，详细勘察资料不能满足要求。

(6)基坑或隧道施工过程中出现桩(墙)变形过大、基底隆起、涌水、坍塌、失稳等岩土工程问题，或发生地面沉降过大、地面塌陷、相邻建筑开裂等工程环境问题。

地下工程施工过程中出现桩(墙)变形过大、开裂，基坑或隧道出现涌水、坍塌、失稳等意外情况，或发生地面沉降过大等岩土工程问题，需要查明其地质情况为工程抢险和恢复施工提供依据。

(7)需要工程降水、土体冻结、盾构始发(接收)井端头、联络通道的岩土加固等辅助工法时。

一般城市轨道交通工程的盾构始发(接收)井、联络通道加固、工程降水、冻结等辅助措施的施工方案在施工阶段方能确定，详细勘察阶段的地质工作往往缺乏针对性，需要在施工阶段补充相应的岩土工程资料。

(8)需进行施工勘察的其他情况。对抗剪强度、基床系数、桩端阻力、桩侧摩阻力等关键岩土参数缺少相关工程经验的地区，宜在施工阶段进行现场原位试验。

由于施工阶段地层已开挖，为验证原位试验提供了良好条件，建议在缺少工程经验的地区开展关键参数的原位试验为工程积累资料。

施工勘察是专门为解决施工中出现的问题而进行的勘察，因此，施工勘察的分析评价，提出的岩土参数、工程处理措施建议应具有针对性。施工专项勘察工作应符合下列规定：①收集施工方案、勘察报告、工程周边环境调查报告，以及施工中形成的相关资料；②收集和分析工程检测、监测和观测资料；③充分利用施工开挖面了解工程地质条件，分析需要解决的工程地质问题；④根据工程地质问题的复杂程度，已有的勘察工作和场地条件等确定施工勘察的方法和工作量；⑤针对具体的工程地质问题进行分析评价，并提供所需的岩土参数，提出工程处理措施的建议。

二、城市轨道交通工程施工

(一)地铁隧道施工

在地铁施工过程中，施工方法的选择可以根据地面条件的好坏进行，如果地面的条件较好，在进行施工的过程中可以选择明挖法，但是这种施工方法对社会环境有不利影响，因此施工时可以将这一施工方法应用在没有人且地面管道线路也比较少的交通不便地区。如果施工环境有断面，且工程的造价也比较低，就可以应用浅埋暗挖法进行施工，这种施工方法具有较高的灵活性。而在当前地铁隧道施工中，最为常用的还是盾构法，盾构法比较适用于软弱且流砂比较大的施工环境中，这种施工方式需要一次性投入较多，但是施工速度比较快，具有较大的施工优势，因此在当前的建筑过程中具有广泛的应用。盾构法在具有松散土介质围岩的环境下更适合应用，且可以在施工过程中有效降低污染和噪声，避免对城市环境造成污染和影响，同时，盾构法也可以在尺寸和断面形式不同的隧道洞室中应用。

就当前的几种施工技术而言，浅埋暗挖法是需要开挖的一种施工方式，其主要的施工原理就是通过开挖的过程中所产生的自我稳定能力来配合一些比较有效的支撑措施，从而在当前的围岩和土层表面形成密贴型的薄壁支护结构，这种施工方式在黏性土层、砂层、砂卵层等地面的施工中更加常见，同时也比较适用。

浅埋暗挖法在一定程度上避免了一些复杂的环节，例如报批、拆迁、挖路等，因此很多施工单位也对这一施工方式有着比较广泛的应用。同时，如果地层的水资源较为充足也可以应用这一施工方法。浅埋暗挖法在很多城市的地铁轨道交通施工过程中都有着非常广泛的应用，且其应用价值较高，尤其适用于跨度比较大的轨道工程隧道施工。同时，在目前的地下车库和过街人行道等工程项目的进行中，浅埋暗挖法也具有非常广泛的应用范围。

（二）轨道交通车站施工

根据施工形式的不同，可以将轨道交通车站分为两种，分别是新建型车站和扩建型车站。顾名思义，新建型车站就是城市中全新建设的枢纽站，新建型车站的主要施工特点是一次性设计和施工。在实际的施工期间还存在一定的问题，其中比较突出的问题是超大超深基坑的施工过程，而扩建型车站的主要施工特点是通过在现有车站的附近进行新车站的增设，逐渐形成新的枢纽，但是在这一车站的施工过程中，有一大施工难点，即车站基本存在于建筑较为密集的区域，因此在施工过程中更加要求施工对周围环境的高度保护。在以上两种车站的施工过程中，比较常见且常用的施工技术主要有轨道交通枢纽施工综合技术、新型盖挖法施工技术、深层地基加固新技术等。

在轨道交通枢纽站施工综合技术的具体应用中，可以分为3种比较具体的技术，分别是三线轨道交通换乘枢纽共建技术、运行轨道交通车站改扩建换乘枢纽站施工技术和利用既有地下空间技术。三线轨道交通换乘枢纽共建技术的应用，可以有效帮助三线乘客在站内付费区进行不同站台的换乘，虽然在当前的实际施工工作中将运行轨道交通车站改扩建换乘枢纽施工技术和利用既有地下空间技术的应用进行不断的提升还存在较大的空间和难度，但是在施工过程中解决存在的问题，也可以推动这两种技术的发展。

新型盖挖法施工技术的应用在当前的城市地铁工程建设中可以有效化解施工场地和道路交通之间存在的矛盾，通过这种施工方式可以建立更加合理和规范化的路面体系，从而提升施工效果。

（三）地铁深基坑防水施工

随着当前我国城市建筑工程技术的不断拓展和深入，深基坑结构也在施工建筑的过程中有了更加广泛的应用范围，且深基坑结构在当前城市建筑不断的建造中已成为城市发展的趋势，只有不断完善深基坑技术才能满足当前城市的发展需求。但是在当前的实际深基坑施工中还存在较大的施工难点，对深基坑的施工效果造成了一定的影响。例如地铁深基坑防水技术的应用，就需要引起人们的高度关注。在防水技术的实际应用中，主要包含了两个需要注意的内容：①在地铁工程项目的施工开始前，需要将施工建设场地中存在的地下水资源采取有效合理的方式进行排除和清理，从而确保施工的安全性和有效性，避免积水过多对后续的施工效果造成影响；②要提升防水工作的有效性，防水工作质量的提升也可以有效避免在铁路结构施工过程中受到水资源的影响，从而对其应用价值和效果造成影响，提升建筑工程的耐久性。

（四）城市轨道交通电气系统施工

在当前的城市轨道交通的施工过程中，电气系统是非常重要的施工环节，电气系统也可以在城市轨道的使用过程中更好地体现其交通特点和功能。因此在当前的城市轨道交通工程的施工中，相关人员需要提升电气系统动力安装以及调试的水平和质量。同时，城市轨道交通照明系统的安装以及备用供电系统的安装和调试工作也非常关键，在完成以上工作后，还需要进行防雷系统和接地系统的安装和调试，并将以上工作不断进行优化。通过对上述工作细节的优化，将城市轨道交通电力系统施工周期有效缩短，不仅可以有效提升当前城市轨道交通的整体安全性，也可以体现城市轨道交通的经济性。

(五)给排水工程施工

给水系统是所有建筑施工中非常关键的一个系统,在实际的城市轨道给排水工程施工过程中,主要分为两个比较重要的排水系统,分别是污水系统和废水系统。在车站中排出的污水和废水通过水池进行汇集,然后对污水进行净化处理。在处理的过程中,将污水利用污水泵提升到地面,然后通过压力井在市政污水管中进行水的排放,而在车站中,主要是利用废水泵来进行区间排水,利用废水泵将水提升到地面,然后排至市政污水管网中。这两种不同排水方式在给排水工程中的应用可以有效确保车站排水系统的正常运行,也可以避免在日常应用中出现积水现象,从而导致安全隐患的增加。

(六)城市轨道交通通风系统施工

通风系统在城市轨道交通施工中也是非常关键的一项施工内容,在进行施工和安装环节,需要注重隧道风机和控制柜的安装,以及消声器、组合风阀、电动执行机构的安装等。与此同时,相关人员还需要重视机械、活塞风道、空调新风机等部分的安装质量。

第五章　水文地质勘察

第一节　水文地质测绘

一、水文地质测绘的概念、目的、任务和内容

在水文地质勘察中，水文地质测绘是一项简单、经济、有效的工作方法，是水文地质勘察中最重要、最基本的勘察方法，也是各项勘察工作中最先进行的一项。

（一）水文地质测绘的概念

水文地质测绘是以地面调查为主，对地下水和与其有关联的地质、地貌、地表水等现象，进行现场观察、描述、测量、记录和制图的一项综合性水文地质工作。

（二）水文地质测绘的目的

水文地质测绘是用观测网点控制测绘区，调查地质、水文地质、地貌及第四纪地质等特征与规律。

（三）水文地质测绘的任务

水文地质测绘的任务主要包括如下内容：①调查研究地层的孔隙性及含水性，确定调查区内的主要含水层或含水带、埋藏条件及隔水层的特征与分布；②查明区内地下水的基本类型及各类型地下水的分布特征、水力联系等；③查明地下水的补给、径流、排泄条件；④调查各种构造的水文地质特征；⑤概略评价各含水层的富水性、区域地下水资源量、水化学特征及动态变化规律；⑥论证与地下水有关的环境地质问题；⑦了解区内现有的地下水供水、排水设施以及地下水开采情况。

（四）水文地质测绘的内容

水文地质测绘的内容主要包括以下几个方面：①地质调查；②地貌及第四纪

地质调查；③地下水露头的调查；④地表水体的调查；⑤与地下水有关的地质环境调查。

二、水文地质测绘的基本工作方法

（一）准备工作与野外踏勘

收集、研究工作区已有的自然地理、地质、地貌及水文地质资料，对工作区的水文地质条件有初步认识，了解其水文地质研究程度及存在问题，以便有针对性地进行测绘工作。

凡是有航片、卫片的地区，必须充分利用，认真判读和解译。做好有关地质、器件等方面的准备。

（二）研究或实测控制性（代表性）剖面

野外水文地质测绘，应从研究或实测控制性（代表性）剖面开始。其目的是查明区内各类岩层的层序、岩性、结构、构造及岩相特点，裂隙岩溶发育特征、厚度及接触关系，确定标志层或层组，研究各类岩石的含水性和其他水文地质特征。

剖面应选在有代表性的地段上，沿地层倾向方向布置，要在现场进行草图的测绘，以便发现问题及时补作，按要求采取地层、构造、化石等标本和水、土、岩样等样品，以供分析鉴定用。在水文地质条件复杂的地区，最好能多测1或2条剖面，以便于对比。如控制剖面上的某些关键部位掩盖不清，还应进行一定量剥离或坑探工作。

（三）布置野外观测线、观测点

1. 观测线的布置原则

按照用最短的路线观测到最多内容的原则，沿地质、水文地质条件变化最大的方向布置观测线，并尽可能多地穿越地下水的天然露头（泉、暗河出口等）和人工露头（井、孔等）以及关键性的水文地质地段。实际工作中，观测线的布置方法主要有以下三种。

（1）穿越法。即垂直或大致垂直于工作区的地质界线、地质构造线、地貌单元、含水层走向的方向布置观测线。该种方法效率高，可以最少的工作量获得最多的成果，此方法多用于基岩区或中小比例尺测绘。

（2）追索法。即沿着地质界线、地质构造线、地质单元界线、不良地质现象周界等进行布点追索（顺层追索）。该种方法可以详细查明地质界线和地质现象的分布规律,但工作量较大。此法主要用于大比例尺水文地质测绘。

(3)综合法(也称均匀布点法,全面勘察法)。即在工作区内,采用穿越法与追索法相结合布置观测线。例如,在松散层分布区,则垂直于现代河谷或平行地貌变化的最大方向布置观测线,并要求穿越分水岭,必要时可沿河谷追索,对新构造现象要认真研究;在山前倾斜平原区,则应沿山前至平原,从洪积扇顶至扇缘(或溢出带)布置,平行山体岩性变化显著的方向也应布置观测线;在露头较差的地段,有时可用全面勘察法,以寻找地层及地下水露头;在第四纪地层广泛分布的平原地区,基岩露头较少,可采用等间距均匀布点形成测绘网络,以达到面状控制的目的。

2. 观测点的布置原则

观测点的布置,要求既能控制全区、又能照顾到重点地段。通常,观测点应布置在具有地质、水文地质意义和有代表性的地段。地质点可布置在地层界面,断裂带、褶皱变化剧烈部位,裂隙岩溶发育部位及各种接触带;地貌点布置在地形控制点、地貌成因类型控制点、各种地貌分界线,以及物理地质现象发育点;水文地质点布置在泉、井、钻孔和地表水体处,主要的含水层或含水断裂带的露头处,地表水渗漏地段,水文地质界线上,以及能反映地下水存在与活动的各种自然地理、地质、物理地质现象等标志处,对已有的取水和排水工程也要布置观测点。观测线、观测点的技术定额参见有关规范。

(四)进行必要的轻型勘探和抽水

轻型勘探就是使用轻便工具,如洛阳铲、小螺纹钻、锥具等进行勘探。

(1)洛阳铲勘探。可以完成直径较小而深度较大的圆形孔,可以取出扰动土样。对于冲进深度,一般土层中为10 m,在黄土中可达30 m。针对不同土层可采用不同形状的铲头。弧形铲头适用于黄土及黏性土层;圆形铲头可安装铁十字或活叶,既可冲进,也可取出砂石样品;掌形铲头可将孔内较大碎石、卵石击碎。

(2)小螺纹钻勘探。小螺纹钻由人力加压回转钻进,能取出扰动土样,适用于黏性土及砂类土层,一般探深在6 m以内。

(3)锥探。即用锥具向下冲入土中,凭感觉来探明疏松覆盖层厚度,探深可超过10 m。用它查明沼泽和软土厚度、黄土陷穴等最有效。

水文地质测绘中,除全面搜集区内现有的井孔及坑道(矿井)的资料外,还要求在测区进行一些轻型勘探和抽水。例如,为取得被掩埋的地层、断层的确切位置,裂隙或岩溶的发育地段,揭露地下水露头等资料时,可布置一些坑探、槽探、浅钻或物探工作。为取得含水层的富水性资料,需布置一些机井抽水试验,为取得松散层厚度及被覆盖的基岩构造等,可布置一些物探工作。

(五)做好野外时期的工作

野外测绘时期,每天都应把当日的野外各项原始资料进行编录和整理,其内容主要包括:原始记录的整理,野外草图的清绘,泉、井、孔等资料的整理,水、土、岩样的编录登记,并逐步总结出规律性的认识,野外工作每进行一段时间,应进行阶段性的系统整理,一旦发现问题或不足,应立即进行校核或补充工作。

此外,为避免测绘时期组与组之间或相邻图幅之间,对一些现象认识不一致或某些界线不衔接,要求各测绘组的调查范围深入邻区(组)内一定距离,并常与邻组进行野外现场接图。

室内工作的主要内容是:①认真、细致、系统地整理测绘资料,如发现有误或不足,还应进行补充工作;②完成实验室水、土、岩样分析,试验和鉴定及有关资料整理工作;③做好勘探、野外试验等资料的整编工作;④编制水文地质图件(包括具有代表性的水文地质剖面)以及水文地质测绘报告(或图幅说明书)。通常把水文地质测绘成果纳入水文地质调查总的报告中。

传统的水文地质填图一般在纸质图上进行,由于在野外频繁使用纸质图,图面不清晰,所填的地质图必须进行清绘,然后再用水彩上色。这种方法的主要缺陷是所填地质图缺少地质属性数据,另外还有修改困难、上色不均匀、效率低、不易保存、数据共享性差等缺点,而基于“3S”技术的计算机辅助地质填图具有图形附带地质属性数据的特点,实现了传统地质图表达信息的彻底变革,同时还具有随时修改、高效、实现数据共享、易于保存和传输等优点。因此,在水文地质调查工作中,应尽量采用以“3S”技术为基础的数字化地质填图。

三、现场调查

现场调查的任务,主要是通过对地质、地貌,第四纪地质、地下水露头、地表水及与地下水有关的环境地质进行调查,初步查明地下水埋藏、分布和形成条件的一般规律,并阐明区内的水文地质条件。其中地质、地貌及第四纪地质调查是水文地质测绘中最基本、最重要的内容,主要是研究它们和地下水埋藏分布及形成条件之间的关系。地下水露头的调查主要是泉和井的调查,以确定含水层或富水地段,评价含水层的水质水量,并分析水文地质条件的变化规律。地表水的调查主要是查明地表水和地下水之间的转化关系,正确评价地表水和地下水的资源量。在水文地质测绘中,应对现存的或可能发生的与地下水有关的环境地质问题进行观察研究。

(一)地层与岩性调查

1. 岩性调查

岩石是贮存地下水的介质。岩性是划分含水层和确定地下水类型的基础,一定类型的岩石赋存一定类型的地下水。岩性常常决定着岩石的区域含水性。岩石的区域含水性,是指某种岩石中地下水的分布广泛程度和有水地段的平均富水程度,一般以水井在某一降深下的出水量表示。岩石的含水性能主要取决于岩石的原生和次生孔穴及裂隙的发育程度,而这些条件又和岩石的类型有关。因此,岩石的类型和岩石的区域含水性有着一定的对应关系,一般以可溶岩类岩石的区域含水性为最好,各种泥质岩石为最差。

岩石的矿物类型和化学成分,在很大程度上决定着地下水的化学类型。

在松散岩石中,对地下水贮存条件影响最大的因素是岩石的孔隙性。因此,要着重观测研究岩石组成的颗粒大小、排列及级配,其次是岩石的结构与构造,再次是岩石的矿物与化学成分。一般来说,在松散岩石地区进行水文地质测绘,要重点查明各类松散岩石的成因类型、厚度、物质来源及其分布规律。

对基岩来说,岩石类型、可溶性、层厚和层序组合是研究岩石含水性的重要依据。岩石按力学性质可分为三类,即脆性岩石、半脆性岩石和塑性岩石。脆性岩石受力后易断裂,往往会形成宽大裂隙,裂隙一般延伸较长,但数量较少,分布较稀疏,多构成地下水的主要运移通道。塑性岩石受力后容易弯曲,节理、劈理发育,形成的裂隙一般短小、闭合,但密度大,多赋存结合水,往往构成相对隔水层。半脆性岩石受力后变形处于上述两者之间,裂隙分布中等,延伸也较远,一般含水较均匀,多构成含水层。

岩石按是否具有可溶性,可分为可溶岩、半可溶岩和非可溶岩。可溶岩、半可溶岩经地下水溶蚀作用可使裂隙不断加宽、扩大,形成溶隙或溶洞,更有利于地下水的形成和运移,往往是最好的含水层。在可溶岩中,对地下水赋存条件影响最大的因素是岩石的岩溶发育程度。因此,要着重研究岩石的化学成分、矿物成分及岩石的结构和构造与岩溶发育的关系。

在非可溶性的坚硬岩石中,对地下水赋存条件影响最大的因素是岩石的裂隙发育状况。因此,要着重研究裂隙的分布状态、张开程度、充填情况及裂隙发育强度等。这些特征主要决定于其成因类型,尤其是构造裂隙的力学属性。

层厚直接影响岩石变形破坏的性质和程度。一般来说,薄层岩石受力后易弯曲，厚层岩石受力后易断裂，产生大的裂隙，因此厚层岩石含水性比薄层岩石含水性好。

层序组合也是影响岩石含水性好坏的重要因素。如果脆性、半脆性或可溶岩分布连续且厚度大时，有利于形成贯通程度好的裂隙网络，则有利于地下水的形成和运移，容易形成规模较大的含水系统。

对基岩地层岩性、各类岩层的观察与描述，一般包括：岩石名称、颜色（新鲜、风化、干燥和湿润时的颜色）、成分（机械成分、矿物成分和化学成分）、结构与构造、产状、岩相变化、成因类型、特征标志、厚度（单层厚度、分层厚度和总厚度）、地层年代、接触关系等。

对沉积岩，必须注意调查层理特征、层面构造、沉积韵律和化石。对碎屑岩类，应着重描述颗粒大小、形状、成分、分选情况、胶结类型，胶结物的成分、层理（平行层理、斜层理、波状层理和交错层理）、层面构造（波痕、泥裂、雨痕等）、结核等。对泥质岩类，应着重描述物质成分、结构、层面构造、泥化现象等。对碳酸盐岩类，应着重研究化学成分、结晶情况、特殊的结构和构造（如竹叶状结构、斑点状构造及缝合线等）、层面特征及可溶性现象等。

对岩浆岩，必须注意调查其成因类型、产状、规模及围岩的接触关系。以侵入体为例，应注意研究其与围岩间的穿插和接触关系，接触带特征（包括自变质现象、围岩的接触变质、机械破碎等情况）；所处的构造部位、原生裂隙、岩脉等情况。对喷出岩，应注意研究其喷出或溢流形式；岩性、岩相的分异变化规律；原生或次生构造（气孔状、杏仁状、流纹状或枕状构造等）；原生裂隙、捕虏体、韵律、层序、与沉积岩的相互关系等。

对变质岩，应注意研究其成因分类（正变质或副变质）、变质类型（区域变质、接触变质和动力变质）、变质程度和划分变质带；恢复原岩性质与层序。着重观察变质岩的矿物成分（原生矿物与变质矿物）、结构（变晶结构、变余结构、破裂结构等）、构造（包括变质构造和原岩的残留构造）；分析矿物共生组合和交代关系。特别注意片理、劈理、小型褶皱等细微构造和原岩层理的区别。

2. 地层确定

地层是构成地质图和水文地质图最基本的要素，在地质测量时，地层是最基本的填图单位。层状含水层总是和某个时代的地层层位相吻合。因此，查清地层的时代和层序，也就查清了含水层的时代、埋藏和分布条件。

由于地层划分是以古生物化石确定地层时代的，单纯考虑岩性特点，常不能满足含水层、隔水层划分的要求。因此，在水文地质测绘工作开始之前，应重新进行地层划分，将岩性作为地层划分的主要依据，建立起水文地质剖面，以此作为水文地质填图的单位。

要认真研究或实测地层标准剖面，确定水文地质测绘时所采用的地层填图单位，即确定出必须填绘的地层界线。水文地质测绘要填绘出地层界线，调查不同时代地层的岩性、含水性、岩相变化、地层的接触面等。

地层接触关系的观察和描述：要注意对岩层的接触界线进行观察，如果是沉积岩与沉积岩、沉积岩与变质岩相接触，看有无沉积间断、底砾岩、剥蚀面、古风化壳存在，看上下岩层产状是否一致；然后判断岩层是整合接触、平行不整合接触或是角度不整合接触。如果是沉积岩和岩浆岩相接触，看岩浆岩中有无捕虏体，看沉积岩中有无底砾岩，底砾岩的碎屑物有无岩浆岩的成分，然后确定二者是沉积接触或侵入接触关系。

（二）地质构造调查

地质构造不仅控制一个地区含水层和隔水层的埋藏和分布，而且对于地下水的富集和运移也有重要影响。地质构造调查包括褶皱、断层和裂隙。

褶皱是层状岩石在地应力作用下发生塑性变形而形成的岩层弯曲。它可构成承压水含水结构，特别是向斜构造，往往构成自流盆地。因此在水文地质测绘中应着重查明褶皱的形态、类型、规模及其在平面和剖面上的展布特征，以及与地形的组合关系，查明主要含水层在褶皱构造中的部位，以及断层、裂隙发育特征及对地下水富集的控制作用，为地下水系统边界的圈定和富水地段确定提供依据。

褶皱构造的观察和描述：①确定岩层的岩性和时代，观察和确定褶曲核部和两翼岩层的岩性和时代；②确定褶皱的产状，观察褶皱两翼岩层的倾斜方向、转折端的形态和顶角的大小，并确定褶曲轴面及枢纽的产状；③确定类型推断时代和成因，根据褶曲的形态、两翼岩层和枢纽的产状确定出褶皱的类型，进一步分析推断褶皱的形成时代和成因。

断层是岩层或岩体顺破裂面发生显著位移的地质构造。断层破碎带具有较大的储水空间，是地下水的主要聚集场所，往往形成地下水的强径流带。有时，断层又可使含水层错开，常构成含水系统的边界。断层的性质和两盘岩性是控制断层富水性和导水性的主要因素。按断裂带富水性能可将断层划分为富水断层、储水断层和无水断层；按断裂带的导水性可将断层划分为导水断层和阻水断层。因此在水文地质测绘中要仔细观察断层（断层面、构造岩）及其影响带的特征,分析断层性质和发育期次,调查断层规模及空间展布规律,进而确定其水文地质性质以及可能的富水地段和富水程度。

断层的观察和描述:①观察、搜集断层存在的标志(证据)。如在岩层露头上有断层的迹象,要观察、搜集断层存在的证据[断层破碎带、断层角砾岩、断层滑动面、牵引褶曲、断层地形(断层崖、断层三角面)等]。②确定断层的产状。测量断层两盘岩层的产状、断层面的产状、两盘的断距等。③确定断层两盘运动方向。根据擦痕、阶步、牵引褶曲、地层的重复和缺失现象,确定两盘的运动方向、上盘、下盘、上升盘、下降盘等。④确定断层的类型。根据断层两盘的运动方向、断层面的产状要素、断层面产状和岩层产状的关系确定断层的类型,判断其是正断层、逆断层、走向断层、倾向断层还是直立断层、倾斜断层等。⑤破碎带的详细描述。对断裂破碎带的宽度、断层角砾岩、填充物质等情况要详细加以描述。⑥素描、照相和采集标本。

裂隙,又称节理,是基岩地下水的主要储水空间和运移通道。影响裂隙储水和导水性好坏的主要因素是裂隙的长度、宽度、产状、密度及充填性质。构造裂隙的长度、张开度和密度又在很大程度上受地层岩性的影响。因此在水文地质测绘中应详细测量各种地层岩性的裂隙长度、宽度、产状、密度及充填情况。裂隙统计点的位置和所处的构造部位;裂隙的分布、宽度、产状、延伸情况及充填物的成分和性质;裂隙面的形态特征、风化情况;各组裂隙的发育程度、切割关系、力学性质和性质转变情况;并注意裂隙的透水性。裂隙统计应力求在相互垂直的两个面貌上进行,其尺寸不应小于1 m×1 m,将观测内容填在记录表上。

节理的观察和描述:①确定节理类型。注意观察节理的长度和密度,根据节理的产状和成因联系确定出节理系。然后,根据节理和断层、褶皱的伴生关系推断出节理类型。确定是走向节理、倾向节理或斜向节理;纵节理、横节理或斜节理。②确定节理的类型。根据节理的形态和组合关系推断节理的力学类型,确定是张节理还是剪节理。张节理比较稀疏、延伸不远,不能切断岩层中的砾石,节理面粗糙不平呈犬牙交错状,节理开口呈上宽下窄状。剪节理常密集成群出现,节理面平滑,延伸较远,节理口紧闭。剪节理常由两组垂直的节理面呈“X”形组合。③测量节理的产状。为了进一步研究节理的发育情况,可以进行大量节理产状要素的测量,并根据测量的数据编制节理玫瑰图。

地质构造对地下水的埋藏、分布、运移和富集有较大影响,这种影响在基岩区和第四系松散沉积区的表现是不同的,其调查研究的重点也有所不同。

基岩区地质构造的调查重点:①各种构造形迹与构造成分(细微裂隙、岩脉、断裂、褶皱等)的分布范围、空间展布形式及构造线方向,确定有利于地下水贮存的构造部位;②调查、研究和分析各种构造形态及组合形式对地下水贮存、补给、运移和富集的影响;③对断层的水文地质性质(富水、导水、储水、阻水、无水等)进行调查研究;④对不同类型的接触构造(这里常成为富水带)进行调查研究。

在松散沉积物分布区,应着重调查研究最新地质构造的性质、表现形式及对沉积物和地下水埋藏、分布的控制作用,调查重点是:①山区和平原区的接触关系,一些山区和平原之间的年轻断裂构造,常常控制着山区裂隙水和岩溶水对平原区孔隙水的补给条件;②沉积盆地基底中的最新断裂构造和构造隆起,它们对上覆年轻沉积物的分布范围、厚度、岩相特征及现代环境地质作用等起控制作用,而这些因素又极大程度上控制着含水层或地下水的埋藏、分布条件;③地壳的升降运动对河谷地质结构、岩溶作用的控制作用与影响。

(三)地貌及第四纪调查

地貌是内外营力共同作用于地表的结果,内营力主要是地球内部构造运动引起的地表形态变化,如板块漂移、火山喷发、地震等;外营力是诸如水、大气和热里和生物等外在因素对地表的影响,通常表现为风化、河流、波浪、潮汐、冰川、风蚀等。通常是内营力奠定了地貌的原始基本形态,外营力再对其进行改造,视改造作用的时间长短和改造程度而见哪种为主要因素。地貌既可以反映出地层、岩性、构造和外动力地质作用,也能反映出第四纪地质的类型和范围,还可反映出该区地下水的埋藏、分布特征和形成条件。如在侵蚀构造山区,地形切割强烈,一般大气降水入渗补给条件较差,地下水多向河谷径流排泄,地下水交替循环条件好。在山前扇形地貌区,地下水埋藏、分布及径流条件从扇顶向前缘呈有规律的变化。在第四系覆盖的隐伏岩溶区,地表的微地貌形态(如串珠状洼地、塌陷等)反映了岩溶水系统的分布状况。因此,在水文地质测绘中,地貌也是重要的研究内容之一。

地貌对浅层和松散层中的地下水有较大影响,同时还能反映基底岩层的起伏特征。地貌还控制着地下水水质的形成环境和类型,并对某些地方病的发生起关键作用。

在松散物沉积分布区,第四纪沉积物的分布经常与一定形态的地貌单元相吻合。例如,在河谷地区,常形成不同类型的阶地,不同时代的松散沉积物沿阶地呈带状分布。其时代由低到高,逐渐变老。山前冲洪积扇是山区河流堆积作用的特有地貌形态。冲积扇内微地形的变化,还可反映出冲洪积扇岩相和地下水埋藏、分布条件的变化。

在基岩区，地貌单元可反映当地可能存在的含水层的类型、埋深，以及补、径、排条件。如在侵蚀构造山区，地形陡，切割深，第四系盖层薄，入渗条件差，降水易流失，地下水径流条件较好，且多被沟谷排泄，孔隙水不发育，地下水贮存条件不好。在基岩中，除局部分布有大面积层状含水层外，多有脉（带）状地下水存在，储存量一般不大，埋藏较深。在剥蚀堆积的丘陵区，第四系盖层虽不太厚，但风化壳较厚，故风化裂隙水较发育，在构造盆地或单面山地貌区，常有丰富的承压（或自流）水分布。

地貌调查的主要任务是对各种地貌单元的形态特征进行观察、描述和测量，查明其成因类型、形成时代及发育演变历史，分析其与地层岩性、构造和地下水之间的关系。从而揭示地貌与地下水形成与分布的内在联系，帮助分析水文地质条件。地貌调查一般是与地质调查同时进行的，故在布置观测路线时要考虑穿越不同的地貌单元，并将观测点布置在地貌控制点及地貌变化界线上。

地貌的观察与描述应与水文地质条件的分析研究紧密配合，着重观察研究与地下水富集有关或由地下水活动引起的地貌现象。

1. 地貌单元的调查

基本地貌单元（平原、丘陵、山地、盆地等）的分布情况和形态特征（海拔、水系平面分布特征、分水岭的高度及破坏情况、地形高差、切割程度及地表坡度等），并分析确定其成因类型。

2. 河谷地貌的调查

谷底和河床纵向坡度变化情况，各地段横剖面的形态、切割深度及谷坡的形状（凸坡、凹坡、直坡、阶梯坡等）、坡度、高度和组成物质，谷底和河床宽度以及植被情况等。

3. 河流阶地的调查

阶地的级数及其高程，阶地的形态特征（长、宽、坡向、坡度），阶面的相对高度、起伏情况、切割程度等，阶地的地质结构（组成物质、有无基座及基座的层位、岩性，堆积物的岩性、厚度及成因类型）及其在纵横方向上的变化情况，阶地的性质及其组合形式。

4. 冲沟的调查

位置（所在的地貌单元和地貌部位）、密度与分布情况、规模及形态特征，冲沟发育地段的岩性、构造、风化程度、沟壁情况及沟底堆积物的性质和厚度等，沟口堆积物特征，洪积扇的分布、形态特征（长、宽、坡向、坡度、起伏情况和切割程度等）及其组合情况。

5. 微地貌的调查

所处地貌部位和形态分布特征，及其与地下水富集和地下水作用的关系。

在水文地质测绘中，要对第四纪松散沉积物的矿物成分、颗粒大小、形状、分选性、岩性结构、构造特点等都要进行详细的观察与研究。在调查时，应尽量利用各种天然剖面和人工剖面，如冲沟、河岸、土坑、采石场、路堑、井孔剖面等，对第四纪地层的露头应详细观察描述，内容包括地层的颜色、岩性、岩相、结构和构造特征、特殊夹层、各层间的接触关系、所含化石及露头点所处的地貌部位等。通常，根据测绘资料编绘地貌第四纪地质图及剖面图。

四、成果整理

水文地质测绘成果整理主要包括野外验收前的资料整理和最终成果的资料整理。

野外验收前的资料整理是在野外工作结束后，对调查时获得的全部野外及室内资料，进行校核、分析和整理，特别是对各种实际材料，在数量、分布（控制程度）和精度上是否满足水文地质测绘调查阶段的规范及实际要求进行分析研究，如发现不足，应及时进行必要的野外补充工作，以保证编写成果的质量。全面整理各项野外实际工作资料，检查核实其完备程度和质量，整理清绘野外工作手图和编制各类综合分析图、表，编写调查工作小结。调查记录格式要求统一，点位准确，图文一致。各类观察点观察要仔细，描述要准确，记录内容应尽可能详细，要有详细的照片或素描图。各种观测成果必须当日检查整理完毕，发现有疑问、错误、异常或遗漏时，必须到场据实更正或补测，严禁在室内凭记忆修改。工作手图、清绘图、实际材料图应齐全，标绘内容及图式应符合制图原则，标记准确，记录和图件相互一致。

最终成果资料整理，在野外验收后进行，要求内容完备，综合性强，文、图、表齐全。其主要内容是：①对各种实际资料进行整理分类、统计和处理，综合分析各种水文地质条件、因素及其间的关系和变化规律；②编制基础性、专门性图件和综合水文地质图；③编写水文地质测绘调查报告。

（一）水文地质测绘图件的绘制

1. 水文地质测绘实际材料图的绘制

编图要求：反映工作区各类工作内容、工作量、工程分布、观测路线等实际资料。地形、地物及各种点线要准确，观测路线的位置要和实际所走的路线一致，代表符号按统一规定的图例进行绘制。

图上反映内容：观测点、观测线、工作范围、试验点(民井抽水、试坑渗水、测流点、水样点、土样及岩样采集点、化石产地剖面线、地表水体、主要居民点交通线等)。

2. 综合水文地质图的绘制

编图要求：要求在地形地质图、实际材料图以及野外试验、化验、观测等资料的基础上编制。

图上反映内容：含水层组及非含水层的分布范围、岩性、富水性，地下水的矿化度、水化学类型、地下水流向，地表水体，地表水分水岭，具有代表性的水文地质控制点与地下水活动有关的各种物理地质现象，代表性水文地质剖面及说明表。

3. 其他图件的绘制

主要包括：地貌及第四纪地质图；地下水等水位线图；地下水富水性分区图。

(二)水文地质测绘报告的编写

报告书编写前必须对野外资料进行全面系统的整理，编制出各种分析图表和综合图表，然后结合原始资料对各种图表进行综合分析，使感性认识上升到理性认识，编写出能说明测区水文地质条件的文字报告书。要求报告书简明扼要，条理分明，立论有据，结论明确。其写法可参照如下提纲。

1. 绪言

扼要叙述测区的地理位置，自然地理概况，国民经济现状及远景规划，主要工作成果和任务完成情况。

2. 地质地貌条件概述

地层：要求从老到新分统(或组)描述。

岩浆岩：按期次描述分布地点、出露面积、岩性、矿物成分、风化程度、与围岩接触关系。

构造：概述基本构造格局、构造体系、复合关系、构造形式。

地貌：按地貌单元对地貌形态和特征进行描述。

3. 水文地质

阐述测区地下水总的形成、分布、运动规律及其影响因素，描述各含水层组和断裂构造含水带的分布、富水性、水质特征及它们的变化规律，指出主要富水地段和富水构造。

4. 工程地质

简述测区内各类岩石的工程地质特征、各种物理地质现象，或工程地质现象的分布、性质、发育程度、一般规律。

总结区内地下水形成分布的主要规律，提出合理开发利用地下水资源的建议，指出水文地质测绘工作中存在的问题以及对今后工作的建议。

第二节　水文地质勘探

一、水文地质钻探

应对水文地质勘探钻孔布置的原则、水文地质钻孔的技术要求、水文地质钻探过程中的观测与编录等内容学以致用。

其中，水文地质钻孔的布置必须有明确的目的性，力求以最小的钻探工作量，取得最多和更好的地质、水文地质成果。水文地质钻孔的技术要求，要考虑对钻孔孔身结构的设计要求，过滤器、钻孔止水及对钻探冲洗液和孔斜的要求。在钻探过程中，必须做好岩心观测、水文地质观测及编录工作，最后应编制出钻孔水文地质综合成果图表。

（一）水文地质勘探钻孔布置的原则

1. 水文地质勘探钻孔布置的一般原则

布置钻孔时要考虑水文地质钻探的主要任务和勘探阶段。例如，布置钻孔是为了查明区域水文地质条件，还是确定含水层水文地质参数、寻找基岩富水带；是进行地下水资源评价，还是地下水动态观测等。主要任务不同，钻孔布置必然有所区别。调查阶段不同，钻孔布置方案也不尽相同。

钻孔的布置要考虑其代表性和控制意义。钻孔布设前应充分收集现有地质、水文地质等有关资料，在掌握水文地质情况的基础上布设钻孔，把勘探重点放在未查清的地段或重点地区。

水文地质钻孔一般都应布置成勘探线的形式，且主要勘探线应沿着区域水文地质条件（含水层类型、岩性结构、埋藏条件、富水性、水化学特征等）变化最大的方向布置。勘探线上的钻孔应控制不同的地貌单元、不同的含水层(组)、不同的富水区段和边界条件,同时也要照顾到钻孔在勘探线上所起的距离控制作用。对区内每个主要含水层的补给、径流、排泄、水量、水质,不同的地段均应有勘探孔控制。当地质、水文地质条件方向性不明显或水文地质条件不是很清楚时,可采用勘探网的形式布孔。对某些必须解决的特殊问题,但在勘探线上又控制不住的地方,可个别布孔。为查明区域水文地质条件的钻孔,一般应点线结合,深浅结合,先疏后密,还应确定基本的控制孔。

依据拟采用的地下水量计算方法布设钻孔。如为地下水资源评价布置的勘探孔,其布置方案必须考虑拟采用的地下水资源评价方法,勘探孔所提供的资料应满足建立正确的水文地质概念模型,进行含水层水文地质参数分区和控制地下水流场变化特征的要求。又如,当水源地主要依靠地下水的侧向径流补给时,主要勘探线必须沿着流量计算断面布置,对于傍河取水水源地,为计算河流侧向补给量,必须布置平行与垂直河流的勘探线。当采用数值法计算评价地下水资源时,为正确进行水文地质参数分区,正确给出预报时段的边界水位或流量值,勘探孔一般呈网状形式布置,并能控制住边界上的水位或流量变化。

布置钻孔时要考虑以探为主,一孔多用。如既是水文地质勘探孔,又可保留作为地下水动态观测孔,或作为开采井等。

2. 不同地区水文地质勘探钻孔的布置

(1)松散沉积区

山间盆地:大型山间盆地中含水层的岩性、厚度及其变化规律,均受盆地内第四系成因类型的控制。为此,山间盆地内的主要勘探线,应沿山前至盆地中心方向布置,或沿垂直盆地轴向布置。盆地边缘的钻孔,主要是为控制盆地的边界条件,特别是第四系含水层与基岩或岩溶含水层的接触边界,以查明山区地下水对盆地新生代含水层的补给条件。而盆地内部的勘探钻孔,则应控制其主要含水层在水平和垂向上的变化规律。在区域地下水的排泄区,也应布置一定量的钻孔,以查明其排泄条件。

山前冲洪积扇地区:勘探线应控制山前倾斜平原含水层的分布及其在纵向(从山区到平原)和横向上的变化特点。即主要勘探线应沿着冲洪积扇的主轴方向布置,而辅助勘探线可垂直冲洪积扇,即勘探孔呈“十”字形布置。对大型冲洪积扇,应有两条以上垂直河流方向的辅助勘探线,以查明地表水与地下水的补排关系。

河流平原地区:主要勘探线应垂直于现代及古代河流方向布置,以查明主要含水层在水平和垂直方向上的变化规律及古河道的分布。对大型河流形成的中、下游平原地区,应布置网状勘探线以查明含水层的分布规律。

滨海平原地区:在滨海平原地区,勘探线应垂直海岸线布置,在海滩、砂堤,各级海成阶地上,均应布有勘探孔,以查明含水层的岩性、岩相、富水性等的变化规律。在河口三角洲地区,为查明河流冲积含水层分布规律和咸淡水界面位置,则应布置成垂直海岸和河流的勘探网。其他松散层分布地区的勘探线,均可根据上述原则,结合地区特点布孔。

(2)基岩区

裂隙岩层分布地区:该地区地下水主要存在风化和构造裂隙之中,形成脉网状水流系统。为查明风化裂隙水埋藏分布规律的勘探线,一般沿着河谷到分水岭的方向布置,孔深一般小于100 m。为查明层间裂隙含水层及各种富水带的勘探线,则应垂直于含水层和含水带走向的方向布置,其孔深决定于层状裂隙水的埋藏深度和构造富水带发育深度,或者一般为100 ~ 200 m。

岩溶地区:对于我国北方的岩溶水盆地,主要的勘探线应穿过岩溶水的补给、径流、排泄区和主要的富水带。从勘探线上的钻孔分布来看,应随着近排泄区而加密。在同一水文地质单元内,钻孔揭露深度一般也应从补给区到排泄区逐渐加大,以揭露深循环系统含水层的富水性和水动力特点。勘探线应通过岩溶水补给边界及排泄边界,并由钻孔加以控制,以利于岩溶水区域水资源评价。在以管道流为主的南方岩溶区布置水文地质勘探孔时,除考虑上述原则外,还应考虑有利于查明区内主要的地下暗河位置。

(二)水文地质钻孔的技术要求

1. 对钻孔孔身结构的设计要求

水文地质钻孔的孔身结构包括:孔深、孔径(包括开孔直径与终孔直径)、井管直径及其连接方式等。设计孔身结构时要考虑钻孔类型、预测出水量以及井管与过滤器的类型、材料等。

(1)孔深的确定

钻孔孔深是根据钻孔的目的、要求、地质条件,并结合生产技术条件来确定的,一般应揭露或打穿主要含水层。

(2)孔径的确定

钻孔孔径首先取决于所设计的钻孔类型。探明一般水文地质条件的勘探孔和地下水动态观测孔,孔径一般为130 ~ 250 mm,一般为异径;而以供水为目的的抽水孔和探采结合孔,则要求设计较大口径,一般在松散地层中多在400 mm以上,在基岩层中一般也应大于200 mm,多为同径到底。孔径与钻孔结构有关。一般情况下,孔深小于100 m的浅孔,可采用一个口径的孔身结构;孔深为100～300 m的中深孔,采用1或2个口径的孔身结构;孔深大于300 m的深孔,采用2或3个口径的孔身结构。钻孔开孔直径除满足孔内最大一级过滤管和填料厚度要求外,还需满足在钻孔中的浅部松散覆盖层和基岩破碎带下入护壁管的要求。供水钻孔的开孔直径,应满足下入所用抽水泵体外部尺寸的要求。通常,开孔直径应根据已确定的终孔直径、换径止水个数及孔内结构和止水方法,并考虑钻孔深度、钻进方法、孔壁稳定程度等多种因素确定。开孔直径,在松散岩层中,一般应大于450 mm;在坚硬岩石中,应大于290 mm。孔身直径还取决于抽水段和止水段的层数、孔内结构和填料的要求。为简化水井结构,应尽可能"一径到底"。当不得不变径时,变径的位置,多在含水层下部的隔水层顶部。

水文地质钻孔的终孔直径一般小于或等于开孔直径。钻孔终孔直径,在松散岩层中不得小于290 mm,在坚硬岩层中,不应小于180 mm。

滤水管的直径,应根据预计的钻孔涌水量来设计。根据有关试验证明,钻孔涌水量随孔径增加而增加,但增加到一定数值后,其增加率逐渐减少,甚至不再增加,过滤器直径不应大于254 mm。需要说明的是,大口径抽水孔设计是有条件的,在富水性较弱的含水层中的大口径抽水,一般都不会有显著增加水量的效果,但在一些矿区,为了获得大降深、大流量的抽水资料,也常设计大口径的抽水孔。

2. 过滤器

(1)过滤器的作用及要求

过滤器是指安装在钻孔中的一种能起过滤作用的带孔井管。过滤器的作用是保证含水层中地下水顺利进入井管中,同时防止含水层中的细粒物质进入井中,也有防止井壁坍塌,滤水护壁,防止井淤,保证抽水正常进行的作用。

对过滤器的基本要求是:①具有较大的孔隙率和一定直径,以减小过滤器的阻力;②有足够的强度,以保证起拔安装;③有足够的抗腐蚀能力,耐用;④成本低廉。

过滤器可用金属或各种非金属材料制作,长度一般应与含水层(段)的厚度一致,当含水层很厚时,应设计成非完整井,每段过滤器长度一般不超过30 m。为防止发生孔内沉淀,常设计3～5 m的沉淀管。

(2)过滤器的组成

过滤器主要由过滤骨架和过滤层组成。

过滤骨架:主要起支撑作用,有以下两种基本骨架结构。

孔眼管状骨架:管材可以是钢的、铸铁的、水泥的或塑料的,勘探多用钢管,管上的孔眼一般为圆孔,呈等边三角形交错排列,也可为交错排列的条形孔,孔的大小、排列和间距,与管材强度、所要求的孔隙率有关。骨架圆孔的直径一般为10~15 mm,条形孔尺寸无统一规定,视孔壁的砂石粒径而定。通常,钢管孔眼过滤器的孔隙率为30%~35%,铸铁管为20%~25%,而水泥管仅为10%~15%,条形孔钢管过滤器的孔隙率可达45%。

钢筋骨架(或称筋条骨架):在两节短管之间焊接钢筋构成圆柱形钢筋骨架。做骨架的钢筋一般粗14~16 mm,间距多为20~30 mm,这种骨架的优点是孔隙率大,一般可达70%,但强度稍低。一般要求骨架的孔隙率不小于抽水含水层的孔隙率。

过滤层:过滤层起过滤作用,分布于过滤骨架之外。过滤层的种类主要有带孔眼的滤网、密集缠丝、砾石充填层等。

(3)过滤器的类型

由不同骨架与不同过滤层可组合成各种过滤器,但根据其基本类型可分为骨架过滤器、网状过滤器、缠丝过滤器和砾石过滤器四种。

骨架过滤器:只由骨架组成,不带过滤层,仅用于井壁不稳定的基岩井。作为勘探试验用多为钢管骨架过滤器。根据孔的形状不同,骨架滤水管又可分为四种,即圆孔滤水管、直缝滤水管、筋条滤水管和桥式滤水管。其中桥式滤水管是带有桥形孔眼的新型滤水管,具有不易堵塞孔眼、过水能力强、机械强度高的优点,可用于第四纪松散含水层和基岩裂隙含水层。

网状过滤器:过滤层为滤网,为了发挥滤网的渗透性,在骨架上需焊接纵向垫条,网再包于垫条外,网外再绕以稀疏的护丝(条),以防腐损。滤网有铁、铜、塑料压模等;铁易被腐蚀,已少用,铜质价贵,故有用塑料代替的趋势。网眼规格应以颗粒级配成分为依据,应能使得在网外形成以中、粗砾为基础的天然过滤层,以保证抽水正常进行,在这方面,有一些确定网眼尺寸的经验指标和公式可供选择,详见有关手册。

缠丝过滤器:过滤器由密集程度不同的缠丝构成。缠丝的效果比滤网好,且制作简单,经久耐用,又能适用于中砂及粒度更粗的颗粒及各类基岩。若岩石颗粒太细,要求缠丝间距太小,加工常有困难,此时可在缠丝过滤器外充填砾石。

砾石过滤器:过滤层由充填的砾石层构成,骨架可以是圆管或钢筋的,钢筋骨架上的缠丝间距视岩石颗粒的大小而定。

按结构，砾石过滤器可分为：①填砾过滤器，在骨架外充填砾石而成，砾石与骨架是分离的，这是勘探中最常用的过滤器类型。②笼状和筐状过滤器，在骨架外预先做好盛砾石的笼架和筐架，然后将选定的砾石充填其中，用时将其整体下入井中。该种过滤器多用于井径较大的浅层开采孔。上述砾石过滤器所用砾石的大小应与含水层粒度相配合，孔壁岩石颗粒越细，过滤层所用砾石应越小。所用砾石的大小还应与骨架空隙尺寸相配合。③贴砾过滤器，即贴砾滤水管，这是近年来出现的一种新型过滤器，它是在骨架衬管外用环氧树脂粘贴一定厚度的石英砂，使骨架和滤层成为一体。其优点是能用于小孔径，透水性好，可确定砾层位置，安装大为简化，可用来修复大量涌砂废井等。④砾石水泥过滤器，由砾石或碎石用水泥胶结而制成，又称无砂混凝土过滤器。通常砾石粒径为3～7 mm，灰砾比为1∶4～1∶5，水灰比为0.28～0.35，水泥与砾石之间为不完全胶结，因而，被水泥胶结的砾石，孔隙仅一部分被水泥填充，另一部分仍相互连通，故有一定的透水性。这种过滤器的孔隙率一般为10%～20%，管壁厚为40～50 mm，管长通常为1～2 m。连接方式简单，一般是在两管处垫以水泥沥青，用铁条、竹片等连接，用铁丝捆绑即可。该种过滤器制作方便，价格低廉，但强度较低（一般为50 kg/cm^2），通常用于井深小于100 m的井孔，多用于农用机井。

3. 钻孔止水

在多层结构含水层中进行钻探，为了分层观测，分层抽水，分层取样，获得各个含水层的水文地质参数，需要止水。供水井的开采层与非开采层（如咸水层、受污染的含水层等）之间应止水。另外，钻进过程中为及时隔离某个强漏水层，以保证正常钻进，也需进行钻孔的止水工作。

止水部位应尽量选在隔水性能好、厚度大及孔壁较完整的孔段。止水材料应根据止水要求和孔内地质条件来选择和确定。止水方法按止水部位与钻孔结构的关系可分为：同径止水和异径止水，管外止水和管内止水。止水方法的选择主要取决于钻孔的类型、结构、地层岩性、钻探施工方法等多种因素。一般常用管外异径止水，效果好，便于检查，但钻孔结构复杂，各种规格管材用量大，施工复杂。管外同径止水或管外管内同径联合止水方法，钻孔结构简单、钻进效率高，管材用量较少，但也有止水效果差、检查不便等缺点。

4. 对钻探冲洗液的要求

钻探冲洗液具有净化孔底、冷却钻头、润滑钻具和护壁的作用。冲洗液的种类很多,常用的是泥浆和清水。按理论要求,水文地质钻孔最好使用清水钻进,以保持含水层的天然渗透性能和地下水进入钻孔的天然条件。但在实际工作中,为节省护孔管材和提高钻进效率,经常使用泥浆钻进。一般水文地质钻孔钻进时的泥浆稠度最好小于 18 s,密度为 1.1 ~ 1.2 g/cm³,在砂砾石含水层钻进时,要求泥浆稠度为 18 ~ 25 s。

5. 对钻孔孔斜的要求

对钻孔孔斜的要求,其目的主要是保证下管顺利和深井泵能正常运转进行抽水。按相关规定,孔深小于 100 m 时,孔斜不得超过 1°;当孔深大于 100 m 时,孔斜最大不得超过 3°。

通常应根据钻探任务和上述钻孔的技术要求,编制水文地质钻孔设计书。设计书的内容一般包括:孔深、开孔、终孔的直径,以及孔身变径位置、止水段位置、止水方法、过滤器类型和位置、钻进方法、技术要求等。钻孔设计书还应附有设计钻孔的地层岩性剖面、井孔结构剖面和钻孔平面位置图。

(三)水文地质钻探的观测与编录

水文地质钻探是获得地质、水文地质资料的重要手段,因而在钻探过程中,必须做好岩心观测和水文地质观测及编录工作,最后应编制出钻孔水文地质综合成果图表。

1. 岩心的观测

在水文地质钻探过程中,要求每次提钻后立即对岩心进行编号,仔细观察、描述、测量和编写记录。

(1)做好岩心的地质描述

对岩心的观察,描述的内容主要是岩性、结构、构造、层序、层厚、孔隙、透水性等。有两点值得注意,一是注意对地表见不到的现象进行观察和描述,如未风化地层的孔隙、裂隙发育及其充填胶结情况,地下水活动痕迹(溶蚀或沉积),发现地表未出露的岩层、构造等;二是注意分析和判别由钻进造成的一些假象,把它们从自然现象中区别出来。如某些基岩层因钻进而造成的破碎擦痕,地层的扭曲、变薄、缺失和错位,松散层的扰动,结构的破坏等。

(2)测算岩心采取率

岩心采取率是指所取岩心长度与钻孔进尺的比率,计算公式如下

$$K_u = \frac{L_0}{L} \times 100\%$$

式中：K_u为岩心采取率（%）；L_0为所取岩心的总长度（m）；L为钻探进尺长度（m）。

岩心采取率可以判断坚硬岩石的破碎程度及岩溶发育强度，进而分析岩石的透水性和确定含水层位。一般在基岩中，$K_u \geq 70\%$；在构造破碎带、风化带和裂隙、岩溶带中，$K_u \geq 50\%$。

（3）统计裂隙率及岩溶率

基岩的裂隙率或岩溶率，是用来确定岩石裂隙或岩溶发育程度以及确定含水段位置的可靠标志。钻探中通常只作线状统计，计算式为

$$y = \frac{\sum b_i}{L \cdot K_u} \times 100\%$$

式中：y为线裂隙率或线岩溶率（%）；L为统计段长度（m）；$\sum b_i$为L段内在平行岩心轴线上测得的裂隙或岩溶的总宽度（m）；K_u为L段内的岩心采取率。

一般，终孔后在孔内进行综合物探测井，以便准确划分含水层（段），并取得有关参数资料。

按设计的层位或深度，从岩心或钻孔内采取定规格（体积或质量的）或定方向的岩样或土样，以供观察、鉴定、分析和试验之用。如采取孢子花粉、同位素、古地磁等样品。

2. 水文地质观测

（1）冲洗液消耗量观测

钻孔冲洗液消耗量及性质的突然变化，通常说明所揭露地层的渗透性和涌（漏）水量发生了变化，也可能是揭露了新的含水层（带）。因此，在钻进过程中需随时观测冲洗液的消耗量。一般做法是：下钻前、提钻后分别观测泥浆槽水位标尺，即可求得本回次进尺段内冲洗液的消耗量（V）或进尺1 m时的冲洗液消耗量，计算式为

$$V = \left(V_1 + V_2\right) - V_3$$

式中：V为回次进尺段内冲洗液消耗量（m^3）；V_1为钻进前泥浆槽内冲洗液体积（m^3）；V_2为钻进过程中加入泥浆槽中的冲洗液体积（m^3）；V_3为提钻后泥浆槽内冲洗液的体积（m^3）。停钻时则可用孔内液面下降值计算地层的漏失量。

如果钻进中冲洗液大量消耗，可能是揭露到透水性很强的含水层、透水通道或遇到透水性很强的干岩层。如果钻进中冲洗液的循环量增多，则说明新揭露的含水层（带）的水头至少高于该含水层（带）以至孔口。

（2）含水层水位观测

地下水位是重点观测项目，一般在每次下钻前和提钻后立即测量，停钻期间

要每隔1～4 h观测一次，以系统掌握孔内水位的变化情况，干钻时可直接发现地下水。用冲洗液钻进时则可据孔内水位的突然变化，发现和确定含水层。发现含水层后，应停钻测定其初见水位和稳定水位。潜水的初见水位与稳定水位基本一致，承压水的稳定水位则高于初见水位。钻孔穿过多个含水层时，要分层止水，分层观测水位。

一般来说，当观测中相邻三次所测得的水位差不大于2 mm，且无系统上升或下降趋势时，即为稳定水位。第四系潜水含水层，测定初见水位后，还应继续揭露1～2 m。承压含水层，也须揭穿隔水顶板，再揭露1～2 m含水层后，才能测定稳定水位。在坚硬裂隙或岩溶含水层中，主要观测风化壳水、构造含水带及层状裂隙或岩溶含水层的初见水位和稳定水位。观测时也须深入含水层数米，并对上部含水层进行止水。

为了准确测定含水层的水位和其他参数，水文地质钻探应尽量采用不用冲洗液的钻进方法，或用清水钻进。如果采用泥浆钻进，在观测稳定水位之前，需认真洗井以消除其影响。

（3）钻孔涌水现象观测

孔口涌水，表明钻孔揭露了承压水头高于地面的自流承压含水层。此时，应立即停钻，记录钻进深度，并接上套管或装上带压力表的管，测定稳定水位和涌水量。也可用测自流孔涌（喷）水高度（f）及孔口管内径（d）的方法，计算钻孔涌水量，即

$$\text{当} f < 5\,\text{m时}, Q = 11d^2\sqrt{f}$$

$$\text{当} f > 5\,\text{m时}, Q = 11d^2\sqrt{f(1 + 0.0013f)}$$

式中：Q为钻孔涌水量（L/s）；f为自流孔涌（喷）水高度（m）；d为孔口管内径（m）。

测量f的同时，最好能进行涌水试验，进行三次水位降深，测定3个稳定水位及所对应的涌水量。

（4）水温观测

当钻进揭露不同含水层时，要分别测定其水温。对巨厚含水层，要分上、中、下三段，分别测定地下水温度，并记录孔深及水温计的放入深度。测量水温时，应同时观测气温。

（5）孔内现象观测

钻进中对孔内发生并能分析判断水文地质问题的现象，都应予以观测和记录。例如，钻具自动陷落（掉钻），通常说明遇到了溶洞或巨大裂隙等。钻孔孔壁坍塌、缩径、涌砂等现象，通常说明揭露到了岩层破碎带或砂层，应描述其现象，

记录其起止深度。

(6)取水(气)样

为评价地下水水质,应取水样及气体样。一般可在测定含水层稳定水位之后采取。水(气)样采取及送检的要求,参见有关规范。

3. 水文地质钻探的编录工作

编录工作以钻孔为单位,要求随钻进陆续进行,终孔后完成。主要包括以下内容。

岩心编录。认真整理岩心,排放整齐,并准确地记录、描述和测量,钻进结束后,重点钻孔的岩心要全部长期保留,一般钻孔则按规定保留缩样或标本。将取得的各种资料,用准确、简练的文字,详细填写于各种表格之中(包括钻探编录表和各种观测记录表)。

编绘水文地质钻孔综合成果图表。内容包括:钻孔位置、标高、钻孔施工技术资料、地质剖面、钻孔结构、地层深度及厚度、岩性描述、含水层与隔水层、岩心采取率、冲洗液消耗量、地下水水位、电测井曲线、孔内现象等。多数情况下,还包括抽水试验、水质分析等。

对勘探线上的所有钻孔编制出水文地质剖面图。对调查区所有水文地质钻孔的成果资料,进行综合分析,总结出水文地质规律。绘制有关地质剖面图及平面图。

二、水文地质物探

在水文地质调查中使用的物探方法有地面物探方法和地球物理测井。水文地质物探是根据地下岩层在物理性质上的差异,借助于专门的物探仪器,通过测量、分析其物理场的分布、变化规律来进行水文地质调查的一种勘探手段。对水文地质物探方法基本原理、使用条件和探测任务,以及在水文地质调查中的应用等内容学以致用。

(一)水文地质物探方法的基本原理和任务

1. 水文地质物探方法的基本原理

水文地质物探是根据地质结构或地下水本身存在的物性差异,利用物理方法间接勘察地质、水文地质体及地下水的一种手段。物探方法成本低、速度快、用途广泛,因此,物探是水文地质调查中的重要勘察手段。

物探方法之所以能够探明某些地质、水文地质条件,主要是因为不同类型或不同含水量的岩石,或不同矿化程度的水体之间存在着物性(包括导电性、导热性、热容量、温度、密度、磁性、弹性波传播速度及放射性等)上的差异。因此,可以借助各种物探测试仪器,测定出某一方向、某一深度或某一范围内岩石或水体的某些物理特征值的变化,从而分析、推断出,某一方向、某一深度或范围内的岩性,构造和岩层含水性能的变化。例如,许多岩浆岩和石灰岩的视电阻率(在探测电场分布范围内,各种岩石电阻率的综合效应和影响,称视电阻率),常常为$n(10^2\sim10^3)\ \Omega\cdot m$,而泥岩、黏土的视电阻率值只有$n(1\sim10)\ \Omega\cdot m$。

水是一种良导体,因此岩石的含水量及水本身的矿化度,对岩石的视电阻率值有很大的影响,可大大改变岩石的导电性能。岩石的空隙中含有良导电的地下水,电流通过岩石时,岩石的电阻是由岩石本身的电阻($R_{岩}$)和地下水的电阻($R_{水}$)组成的“并联线路”的总电阻,根据并联原理,电流绝大部分在水中通过,由于$R_{岩}$远大于$R_{水}$,则岩石的电阻基本由水的电阻($R_{水}$)所决定。所以在影响岩层视电阻率的诸因素中,岩石的富水程度和地下水的矿化度起决定作用。例如,厚层石灰岩的无水地段的视电阻率值常常大于500 Ω·m,比有水地段(视电阻率为10~100 Ω·m)高很多。

在磁性方面,不同种类的岩石之间也有较大差别。如许多岩浆岩中的金属元素含量相对丰富,磁性较强;多数沉积岩的磁性均较弱。因此,当磁法剖面跨过这两种岩石时,便会有显著的磁力差异。在放射性强度和热辐射强度方面,不同类型的岩石,以及岩石中富水和贫水地段之间,也常有较大的差异。据此,可进行放射性测井、热测井等。

2. 物探方法的探测任务

水文地质物探的任务,主要有两个方面:①通过地面物探(或航空物探)方法寻找含水层或富水带,确定它们的分布范围、埋藏深度、厚度和产状;②通过物探测井方法确定含水层(带)的厚度、深度、富水程度、咸淡水界面位置,或测定某些水文地质参数及完成某些水井工程探测任务(测量井径、井斜和检查钻孔止水效果,确定地下水流速、流向等)。

(二)物探方法在水文地质调查中的应用

1. 地面物探方法在水文地质调查中的应用

地面物探方法的种类很多,目前在水文地质调查中应用最普遍的是电法和磁法,放射性探测法和声波探测法也经常使用。这些物探方法是探测地层岩性、构造和寻找地下水及判定某些水文地质现象的有效手段,但多数的物探方法都是间接的勘察和找水方法。

电法勘探是通过研究天然和人工电场，解决某些地质、水文地质问题的一种方法。电法又可分为多种，在水文地质工作中的应用也各有侧重，其中直流电法应用较多。

（1）电阻率法

电阻率法是当前水文地质物探工作中使用最广、效果较好的方法。它可以用来探测含水层的分布、厚度、圈定咸淡水界面等。目前，电阻率法的应用在我国水文地质物探工作中占80%以上。

视电阻率是探测电场分布范围内各种岩石电阻率的综合效应和影响。在第四纪松散沉积物地区，岩石的颗粒越粗，孔隙越大，透水性越好，地下水循环迅速，矿化度一般较低，因而电阻率就高。透水性不好的岩石，矿化度一般较高，所以电阻率就低。即砾石、粗砂的电阻率较高，中细砂次之，黏土最低。在坚硬的基岩地区，岩浆岩的电阻率一般高于沉积岩，致密岩石的电阻率高于松散或破碎（节理、断裂发育）且含水的岩石，脆性岩石（如灰岩、火成岩等）的电阻率高于柔性、塑性岩石（如泥岩、页岩、片岩等）。

电测深法是探测某测点地下介质垂向上电阻率的变化。主要用于探测具有电性差异、层位近水平的地质问题。用电测深圈定的砂砾石的分布范围和厚度，钻探结果证明电测深的成果是可靠的。

（2）激发极化法

激发极化法是根据供电极断电后，由电化学作用引起的岩石和地下水放电电场（即二次场）的衰减特征来勘察和寻找地下水。二次场的衰减特征可用视极化率、视频散率、衰减度、衰减时表示。通常衰减时和衰减度是勘测地下水效果较好的参数。衰减时是二次场电位差衰减到某一规定数值时（通常规定为50%）所需的时间（单位为s），衰减度也是反映极化电场（即二次场）衰减快慢的一种测量参数。岩石中的含水或富水地段水分子的极化能力较强，且二次场一般衰减慢，故衰减度和衰减时值相对较大。

激发极化法和电阻率法一样，分为测深法、剖面法等。其中，激发极化测深法用得最多，主要用于寻找层状或似层状的含水层、含水带，确定其地下水的分布范围、埋藏深度等。还可根据含水因素和已知钻孔涌水量的相关关系，大致估计设计钻孔的涌水量。

激发极化所产生的二次场值小，故这种方法不适用于覆盖较厚（如大于20 m）和工业放散电流较强的地区。这种方法的不足之处是电源笨重、工作效率较低、成本较高。

(3)自然电场法

自然电场法是以地下存在的天然电场作为场源。自然电场的产生主要与地下水通过岩石孔隙、裂隙时的渗透作用及地下水中离子的扩散、吸附作用有关。例如,岩石固体颗粒吸附了固定的负离子,而在运动的地下水中集中了较多的正离子,从而形成了在水流方向上为正电位(高电位),相反方向为负电位(低电位)的电场,这种电场称为渗透电场(或称过滤电场),它是自然电场的主要部分。另外,水溶液的浓度差或成分差会形成扩散电场,氧化还原作用也会产生自然电场。因此,可根据在地面测量到的地下天然存在的电场变化情况,查明地下水的埋藏、分布和运动状况。这种方法主要用于寻找掩埋的古河道,基岩中的含水破碎带,以及确定水库、河床、堤坝的渗漏通道和隐伏的上升泉,测定抽水钻孔的影响半径等。

自然电场法的使用条件,主要决定于地下水渗透作用所形成的过滤电场的强度。一般只有在地下水埋藏较浅、水力坡度较大和所形成的过滤电位强度较大时,才能在地面测量到较明显的自然电位异常。

(4)交变电磁场法

交变电磁场法简称电磁法,是以岩、矿石的导电性、导磁性及介电性的差异为基础,通过对以上物理空间和时间分布特征的研究,从而查明有关地质问题和地下水的电探方法。电磁法的种类很多,目前在生产中使用的有甚低频电磁法(利用超长波通信电台发射的电磁波为场源)、频率测深法(以改变电磁场频率测得不同深度的岩性)、地质雷达法(利用高频电磁波束在地下电性界面上的反射达到探测地质对象的目的)、无线电波透视法(通过研究钻孔或坑道间电磁波被介质吸收的情况研究充水溶洞等地质对象的分布范围和产状等)、核磁找水法(也称核磁共振法,简称NMR,在一定强度和频率的人工磁场作用下,水分子就会产生核磁共振现象,测定其磁振动频率发出的信号强度,就可确定出地下水埋深和富集程度)。其中,甚低频法对确定低阻体(如断裂带、岩溶发育带和含水裂隙带)比较有效,而地质雷达则具较高的分辨率(可达数厘米),可测出地下目的物的形状、大小及空间位置。核磁共振找水法是能直接寻找地下水的新方法,该法的优点是可获得含水层厚度、埋深、孔隙度、含水量等信息,有较高的准确性;缺点是探测深度比较小(100 m左右)、抗干扰能力差、仪器昂贵等。

(5)放射性探测法

放射性探测法是利用地壳岩石中天然放射性元素及种类的差异,或在人工放射源激发下岩石核辐射特征的不同，通过测量其放射性活度来研究和勘察地质、水文地质问题的一种物探方法。

放射性探测法主要适用于寻找基岩地下水，原因包括：①不同类型岩石，由于其放射性元素含量不同，其放射性强度常有差异；②岩石中断裂带和裂隙发育带，常是放射性气体运移和聚积的场所，故可形成放射性异常带；③在地下水流动过程中，特别是在出露地段，水文地球化学条件的突然改变，可导致水中某些放射性元素的沉淀或富集，从而形成放射性异常。

地下水中所含放射性物质甚微，所以利用天然放射性找水，并非直接测定地下水的放射性，通过测定岩石的放射性差异去判断有无含水的岩层，有无可供地下水赋存的断裂、裂隙（通道）构造。水文地质勘察中所使用的放射性探测方法多为天然放射性方法，主要方法有γ测量法和α测量法。

γ测量法：也称γ总量测量，是利用仪器（闪烁辐射仪）测量岩层中铀、钍、钾等放射性核素所辐射出的γ射线总强度，根据射线强度（或能量）的变化，发现γ异常或γ射线强度（或能量）的增高地段，从而查明地质、水文地质问题。本方法使用的仪器轻便、工作效率高，对查明岩层分界线和破碎带有一定效果，但其异常显示不够明显，覆盖层厚度较大时效果不佳。

α测量法：是通过测量氡及衰变子体产生的α粒子的数量来勘察地质、水文地质问题。在水文地质工作中用得较多的是α径迹测量和α卡法，前者所测得的α射线是氡和其他放射性元素共同产生的，而后者所测的仅是氡及其子体所产生的α射线强度，两种方法的工作原理也基本相同。α测量法确定富水构造裂隙带的效果较好。

2. 地球物理测井

水文地质测井在水文地质勘察工作中得到广泛的应用。它主要用于钻孔剖面的岩性分层、判断含水层（带）、岩溶发育带和咸淡水分界面位置（深度）及确定水文地质参数等。当采用无心钻进或钻进取心不足时，物探测井更是不可缺少的探测手段。物探测井的地质——水文地质解释精度远比前述的地面物探方法精度高。

目前，水文地质钻探中常用的地球物理测井方法及应用情况见表5-1。在实际工作中，各种测井方法要相互配合，以提供更多、更可靠的地质信息。另外，物探测井要与钻探取心和水文地质观测资料密切配合，才能取得最佳效果。

表5-1　常用的地球物理测井方法及应用情况

<table>
<tr><th>类别</th><th colspan="2">方法名称</th><th>应用情况</th></tr>
<tr><td rowspan="5">电法测井</td><td rowspan="3">视电阻率法测井</td><td>普通视电阻率测井</td><td>划分钻井剖面，确定岩石电阻率参数</td></tr>
<tr><td>微电极系测井</td><td>详细划分钻进剖面，确定渗透性地层</td></tr>
<tr><td>井液电阻率测井</td><td>确定含水层位置（或井内出水位置），估计水文地质参数</td></tr>
<tr><td colspan="2">自然电势测井</td><td>确定渗透层，划分咸淡水界面，估计地层中水的电阻率</td></tr>
<tr><td colspan="2">井中电磁波法</td><td>探查溶洞、破碎带</td></tr>
<tr><td rowspan="5">放射性测井（核测井）</td><td colspan="2">自然伽马法则井</td><td>划分岩性剖面，确定含泥质地层，求地层含泥量</td></tr>
<tr><td colspan="2">伽马-伽马法（γ-γ）测井</td><td>按密度差异划分剖面，确定岩层的密度、孔隙度</td></tr>
<tr><td rowspan="2">中子法测井</td><td>中子-伽马法</td><td rowspan="2">按含氢量的不同划分剖面，确定含水层位置以及地层的孔隙度</td></tr>
<tr><td>中子-中子法</td></tr>
<tr><td colspan="2">放射性同位素测井</td><td>确定井内出水（进水）点位置，估计水文地质参数</td></tr>
<tr><td rowspan="3">声波测井</td><td colspan="2">声速测井</td><td>划分岩性，确定地层的孔隙度划分裂隙含水带，检查固井质量</td></tr>
<tr><td colspan="2">声辐测井</td><td>区分岩性，查明裂隙、溶洞及套管壁状况，确定岩层产状、裂隙发育规律</td></tr>
<tr><td colspan="2">声波测井</td><td>划分岩性，确定地层的孔隙度划分裂隙含水带，检查固井质量</td></tr>
<tr><td>热测井</td><td colspan="2">温度测井</td><td>探查热水层，研究地温梯度，确定井内出水（漏水）位置</td></tr>
</table>

自然电法测井（或称电测井）在地球物理测井方法中使用广泛，效果好，且简便易行。电测井的工作原理是利用仪器（如JDC型轻便电子自动测井仪等），并通过电缆把井下装置（如电极系统）送入管井中进行测量。在电缆从井底向上提升的过程中，用仪器记录各地层的电阻率、电势差等。通过绘制有关曲线，即可进行水文地质解释。电测井的资料，如有钻孔资料进行校正，就会取得更好的效果。

还需指出，水文地质人员应根据工作任务，工作区的地质、水文地质条件和物探人员一起合理确定物探方法，选定物探测线、测点的布置方案和测量装置等。最好能使用综合物探手段完成同一项任务，以相互验证，取长补短，提高成果解释的可靠性和精度。值得注意的是，各种物探方法都有其局限性，其成果也具有多解性。物探曲线常反映了探测对象本身和其他多种自然或人为因素的综合影响，因此，只有了解具体的地质、水文地质背景和各种干扰因素的可能影响，才能进行正确的解释，否则对于测量结果常常会做出多种或错误的解释。所以在使用物探方法时，应针对具体地质环境，进行分析对比，综合研究，以便客观地反映地质和水文地质条件，从而使所得资料更加真实可靠。因为含水层或富水段没有固定不变的异常标志，为了提高测量成果解释的可靠性，最好首先在露头较好地段或已有勘探井旁进行试验，确定出探测对象异常的形态、性质和幅度，从而制订出可靠的解释标志。例如，在视电阻率较高的石灰岩、岩浆岩和砂岩中，一般以低阻异常作为有水的标志，但在视电阻率本来就较低的碎屑岩及结晶片理发育的岩石中，高阻异常带则常常是有水的标志。因此，符合已有水井旁试验得出的解释标志可靠。

参考文献

REFERENCES

[1]包建业.岩土工程勘察与设计研究[M].咸阳:西北农林科技大学出版社,2018.

[2]刁宠基,刘智勇,李跃民.岩土工程勘察与施工研究[M].延吉:延边大学出版社,2018.

[3]丰培洁,王占锋,吴潮玮.建筑地基基础[M].北京:北京理工大学出版社,2018.

[4]惠彦涛.建筑施工技术[M].上海:上海交通大学出版社,2019.

[5]蒋辉.水文地质勘察[M].北京:地质出版社,2019.

[6]黎大光,龙连芳,徐建.工程测量与岩土勘察研究[M].延吉:延边大学出版社,2018.

[7]李淑一,魏琦,谢思明.工程地质[M].北京:航空工业出版社,2019.

[8]李晓英.房屋建筑施工中钢筋混凝土结构施工技术分析[J].四川水泥,2021(11):135-136.

[9]李振华,马龙,赵斌.现代岩土工程勘察与监测技术研究[M].北京:北京工业大学出版社,2018.

[10]刘新荣,杨忠平.工程地质[M].武汉:武汉大学出版社,2018.

[11]刘彦青,梁敏,刘志宏.建筑施工技术[M].北京:北京理工大学出版社,2018.

[12]刘勇,高景光,刘福臣,等.地基与基础工程施工技术[M].郑州:黄河水利出版社,2018.

[13]庞博.城市轨道交通地下工程施工工艺[J].工程机械与维修,2021(5):100-101.

[14]秦蒙.水利管道工程中顶管施工技术分析[J].江西建材,2021(6):176,178.

[15]宿文姬.工程地质学[M].广州:华南理工大学出版社,2019.

[16]王博,任青明,张畅.岩土工程勘察设计与施工[M].长春:吉林科学技术出版社,2019.

[17]王从军,刘胜德,李福占.建筑施工技术运用[M].哈尔滨:东北林业大学出版社,2019.

[18]王栋,郝亚辉,吴泽坤,等.核电站厂房筏基大体积混凝土施工技术应用研究[J].安徽建筑,2021,28(12):57,59.

[19]王明新.超高压架空输电线路工程建设施工分析[J].科技风,2021(16):121-122.

[20]王喜.建筑工程施工技术[M].北京:阳光出版社,2018.

[21]袁海,张腾飞,白生锡.土建施工中的深基坑支护施工技术运用[J].中国建筑装饰装修,2021(12):54-55.

[22]张晓斌,李宝玉,赵秀玲.工程地质与水文地质[M].2版.郑州:黄河水利出版社,2016.

[23]赵继伟,张炎生.地基基础工程施工[M].天津:天津科学技术出版社,2018.